QUELLEN UND FORSCHUNGEN

ZUR

SPRACH- UND CULTURGESCHICHTE

DER

GERMANISCHEN VÖLKER.

HERAUSGEGEBEN

VON

ALOIS BRANDL, ERICH SCHMIDT, FRANZ SCHULTZ.

CXIII.

UNTERSUCHUNGEN ÜBER DAS MITTELHOCHDEUTSCHE „BUCH DER RÜGEN“.

STRASSBURG.
KARL J. TRÜBNER.
1911.

UNTERSUCHUNGEN
ÜBER DAS
MITTELHOCHDEUTSCHE
„BUCH DER RÜGEN“

VON

Dr. BRUNO WIESOTZKY.

STRASSBURG.
KARL J. TRÜBNER.
1911.

M. DuMont Schauberg, Straßburg.

DEM ANDENKEN
MEINER LIEBEN ELTERN

IN UNVERGESSLICHER DANKBARKEIT.

Vorwort.

Die nachstehenden Untersuchungen, die dem in mancher Hinsicht, nicht zum wenigsten durch seine Sprache eigenartigen mittelhochdeutschen „Buch der Rügen“ gewidmet sind, haben der Philosophischen Fakultät der Universität Jena als Dissertation vorgelegen.

Einmal will diese Arbeit die Grundlage für eine künftige Ausgabe des Gedichtes schaffen, die, ohne damit den Wert der von Karajan hergestellten in Zweifel ziehen zu wollen, allein schon wegen der allmählich schwierig gewordenen Zugänglichkeit des auch für die Zeit- und Kulturgeschichte wichtigen Textes wünschenswert erscheint. Den Kern bildet naturgemäß der sprachliche Teil, in dem ich bemüht war, dem verhältnismäßig geringen und deshalb oft nicht leicht zu beurteilenden Material „die sprachlichen Eigentümlichkeiten des Dichters, soweit sie überhaupt aus den Reimen erkennbar sind, möglichst vollständig abzuringen“. Würde die Arbeit daneben an ihrem Teil dazu beitragen, die Lösung jener ebenso schwierigen wie hohen Aufgaben zu erleichtern, die der Deutschen Philologie auf dem Gebiete der mittelhochdeutschen Literatur für die Zukunft gestellt sind, so wäre ihr Zweck erfüllt. —

Herrn Geheimrat Michels spreche ich auch an dieser Stelle meinen ehrerbietigen Dank für seine stete Hilfsbereitschaft aus. Ihm sowie dem Mitherausgeber der „Quellen und Forschungen“, Herrn Prof. Dr. Schultz, bin ich ferner für die liebenswürdige Unterstützung bei der Überwachung des Druckes verbunden. Nicht geringen Dank schulde ich schließlich meinem lieben Freunde Dr. J. Klewitz für manchen Freundesdienst, den er mir erwiesen hat.

Jena, Fastnacht 1911.

Bruno Wiesotzky.

Abkürzungen:

Mhd. Gram.	Mittelhochdeutsche Grammatik von Karl Weinhold. 2. Ausgabe. Paderborn 1883.
Bair. Gram.	Bairische Grammatik von K. Weinhold. Berlin 1867.
Mhd. E. B.	Mittelhochdeutsches Elementarbuch von Viktor Michels. Heidelberg 1900.
Fischer	Zur Geschichte des Mittelhochdeutschen von Hermann Fischer. Universitätsprogramm Tübingen 1889.
Abh.	Abhandlungen zur germanischen Philologie, Festgabe für Richard Heinzel. Halle 1898. Darin: Das sogenannte II. Büchlein und Hartmanns Werke von C. Kraus; sowie Beobachtungen zum Reimgebrauch Hartmanns und Wolframs von K. Zwierzina.
Zw. 44, Zw. 45	Zeitschrift für deutsches Altertum, Band 44, 45: Mittelhochdeutsche Studien von K. Zwierzina.
Beitr. 28	Beiträge zur Geschichte der deutschen Sprache und Literatur, Band 28: Zum Reimgebrauch Rudolfs von Ems von K. Zwierzina. —

Was im übrigen an Schriften benutzt ist, wird an Ort und Stelle zitiert.

Druckfehlorberichtigung.

Auf S. 8, Zeile 16 von unten ist *war* zu lesen, also ohne Zirkumflex.

Inhaltsverzeichnis.

Seite

Einleitung 1

I. **Das Buch der Rügen und seine handschriftliche Überlieferung** 2

II. **Sprache und Reimgebrauch** 7

A. Zur Lautlehre 7

§ 1. Vokalismus 7

a) Quantität 7

b) Qualität 11

c) Umlaut 15

d) Kontraktion 16

§ 2. Konsonantismus 18

a) Dentale 18

b) Gutturale 19

c) Labiale 20

d) Liquiden 20

e) Nasale 21

B. Zur Flexionslehre 21

§ 3. Deklination 21

a) Substantivum 21

b) Adjektivum 23

c) Adverbium 24

d) Pronomen 25

e) Zahlwort 25

§ 4. Konjugation 25

a) Starkes Verbum 25

b) Reduplizierendes Verbum 26

c) Schwaches Verbum 27

d) Präteritopräsentia 28

e) Einzelne Verba (*sîn, wesen* 29; *wellen* 29; *tuon, hân* 30) 29

C. Heimat 30

III. **Metrik** 33

§ 1. Sprachliche Behandlung unbetonter Silben 33

a) Apokope 33

b) Synkope 34

c) Elision und Hiatus 34

d) Verschmelzungen 36

§ 2. Betonung 36

a) Nicht zusammengesetzte Worte 36

Seite
b) Zusammengesetzte Worte 36
c) Eigennamen und Fremdworte 37
d) Satzbetonung 38
§ 3. Vers und Takt 38
A. Auftakt 39
B. Das Innere des Verses 40
a) Hebungen 40
b) Senkungen 40
1. Zweisilbig 40
2. Fehlen der Senkung 42
3. Fehlen zweier Senkungen 45
C. Ungewöhnlichere Verse 46
a) Dreihebig stumpfe Verse 47
b) Vierhebig klingende Verse 48
§ 4. Reim 50
a) Allgemeines 50
b) Besondere Reimarten 50
1. Rührende Reime 51
2. Grammatische Reime 51
3. Doppelreim 51
4. Erweiterter Reim 52
5. Mittelreim 52
6. Inreim 52
7. Pausen 52
8. Reimhäufungen 52
9. Stabreim 53
§ 5. Enjambement 53
§ 6. Reimbrechung 54
IV. Zum Stil 56
A. Lebendigkeit der Darstellung:
Anrede 56 — formelhafte Aufforderungen 56 — Ankündigungen 57 — Präteritio 57 — Beteurung 57 — vorsichtige Behauptung 57 — Berufungen 58 — Einwurf 58 — Fragen 58 — Ausruf 58 — Gebet 59 — kürzere direkte Reden 59.
B. Nachdruck und Fülle:
zweigliedrige Ausdrücke 59 — dreigliedrige Verbindungen 61 — mehrgliedrige Ausdrücke 62 — Aufzählungen 62 — Paarung von Sätzen 62 — Wortwiederholungen (Anapher, Wortspiel, regellose Wiederholung, figura etymologica) 63.
C. Anschaulichkeit:
Vergleiche und Bilder 65 — Personifikationen 66 — Sprichwörter 67 — Pleonasmus 68 — Hyperbeln 68.
Anhang 69

EINLEITUNG.

Wenn Karajan in der Einleitung zu seiner Ausgabe des Gedichtes, dem die folgenden Zeilen gewidmet sein sollen, unter feiner Abwägung der in ihm berührten geschichtlichen Verhältnisse die Entstehung in die Jahre 1276 oder 1277 setzt, den Verfasser für einen Geistlichen hält und den poetischen Wert des B. d. R. nur gering anschlägt, so wird sich dagegen kaum etwas einwenden lassen[1]). Eingehender indes, als Karajan es getan hat, mußte einmal die Sprache des Gedichtes betrachtet und der Versuch gemacht werden mit den Kriterien, die sie uns an die Hand gibt, die bisher umstrittene Heimat festzustellen. Im Anschluß daran sollen die Metrik sowie die wichtigsten Erscheinungen des Stils behandelt werden, da beide von Karajan nicht berücksichtigt wurden. Zum Schluß seien alle jene Stellen des deutschen Gedichtes aufgezählt, die irgendwie von dem lateinischen — sei es auch nur inhaltlich — beeinflußt sein könnten. Es wird aus der Gegenüberstellung hervorgehen, daß verhältnismäßig wenig als eigentliche Übersetzung angesprochen werden kann und der Verfasser im übrigen nicht selten von dem Bestreben geleitet erscheint, das, was er vorfand und für verwendbar hielt, zu erklären, es deutlicher oder anschaulicher zu gestalten. —

---

[1]) Hingewiesen möge an dieser Stelle werden auf: Scriptores rerum Prussicarum Bd. II, S. 175 ff.; Karl Goedeke, Deutsche Dichtung im Mittelalter. Hannover 1854, S. 897.

I. DAS BUCH DER RÜGEN UND SEINE HANDSCHRIFTLICHE ÜBERLIEFERUNG.

Das von Karajan mit seltenem Glück betitelte mittelhochdeutsche B. d. R. — der Verfasser sagt selbst V. 299:

ich wil rüegen . . . daz an iu

— ist von ihm nebst seinem lateinischen Vorbilde im II. Bande der ZfdA. 1842, S. 15ff. nach einer bair.-östr. Pergamenthandschrift in Kleinoktav (im folgenden als **A** bezeichnet) herausgegeben, die — „dem Alter nach an den Beginn des 15. Jahrhunderts reichend" — von ihm a. a. O. S. 6ff. eingehender beschrieben wird. Die Handschrift befand sich damals in der Privatsammlung des Wiener Antiquars M. Kuppitsch, die nach dessen Tode, wie mir seine Erben mitteilten, im Jahre 1849 verschleudert worden ist. Das zweite längere deutsche Gedicht der Sammlung „Von dem Antichrist" wurde von Haupt nach Karajans Abschrift ZfdA. Bd. VI, S. 369ff. ediert. Solange nicht ein Zufall dieses Manuskript wieder an das Tageslicht bringt, muß es als verschollen gelten, da Nachfragen bei den größten und an handschriftlichen Schätzen reichen Bibliotheken sowie dem Handschriftenkataloge der Berliner Akademie kein Ergebnis zeitigten.

Die auf meine Anfrage hin in liebenswürdigster Weise von dem Vorstande der Handschriftenabteilung der Münchener Bibliothek, Herrn Oberbibliothekar Dr. Leidinger, angestellten Nachforschungen waren indes wenigstens von einem Erfolge gekrönt: eine zweite, neue Handschrift unseres Gedichtes wurde gefunden, deren Benutzung mir in entgegenkommendster Weise gestattet wurde.

Die Handschrift ist aus dem Kloster Wessobrunn bei der Säkularisation in die Münchener Bibliothek gelangt. Von bekannteren Stücken, die in ihr enthalten sind, ist vor allen Dingen der Münchener Freidank **H** zu erwähnen. Der Einfachheit halber möchte ich deshalb, obschon wir es mit einer Papierhandschrift zu tun haben, diese Chriffre auch für die hier gebotene Überlieferung unseres Gedichtes wählen. W. Grimm sagt in der Einleitung seiner Freidankausgabe[2] S. Vf.: „in der Münchener Papierhandschrift (**cod. germ. 444** in Quart) ist eine große Anzahl von verschiedenen Händen geschriebener Stücke zusammen gebunden, deren eins die Jahreszahl 1422 trägt". Unter den verschiedenen Händen befinden sich besonders in der ersten Hälfte ausgesprochen schöne und deutliche, zu denen unser Schreiber allerdings keineswegs gezählt werden kann.

Zunächst einiges über das Äußere. Daß unser Stück, welches nach einer späteren Gesamtnumerierung die Blätter 173—208 füllt, einst selbständige Existenz gehabt hat, beweist die dunkle Färbung der ersten und letzten Seite gegenüber der bedeutend helleren der inneren Blätter. Die Überschriften sind rot; die gleiche Farbe weisen die Initialen am Beginn jedes Abschnittes auf, nur daß sie außerdem mit grünen Verzierungen versehen sind; rot durchstrichen finden wir sodann die Anfangsbuchstaben der Verse, die in größeren Gruppen zuweilen durch rote Schlangenlinien umrahmt werden. Auf jeder Seite befinden sich 20—25 Zeilen. Den Schluß bildet eine rot geschriebene verunglückte Reimerei des (geistlichen?) Schreibers[1]).

Der Hauptunterschied, der zwischen beiden Schreibern besteht, kann kurz dahin zusammengefaßt werden: H ist kaum in ein engeres Verhältnis zum Inhalt unseres Gedichtes getreten im Gegensatz zu A, soweit wir das nach dem wenigen, was Karajan unter seinem Text bietet, beurteilen können. Die natürliche Folge ist, daß in H ein Text vorliegt, der an

[1]) *Hie hatt daz gedicht ein end*
Gott geb vnszen sel ein vil gut end
Dez helff vnz maria mit aller engel schar
Maid raine magt hilff vnz
in die him'l tron dratt Daz wir nit
verzagen in vnsern sundē gar

offenbarer Oberflächlichkeit und Willkür nichts zu wünschen übrig läßt.

Neben der Stelle 1614—1622, wo ein gleichartiger Reim Anlaß zum Überspringen war, fehlen nicht weniger als 10 andere Verse in allen Teilen des relativ kurzen Gedichtes. Es kann selbstverständlich hier nicht meine Aufgabe sein, das Auslassen oder Hinzufügen höchst unnötiger Worte, alle Umstellungen, sinnlos geschriebenen oder mißverstandenen Worte aufzuzählen, da es Dutzende von Seiten füllen würde, auch kaum einen Gewinn brächte. All das schließt selbstverständlich nicht aus, daß H uns trotzdem manchmal, wie wir noch sehen werden, bei der Textgestaltung von Nutzen sein kann. Deshalb sowie zur Illustrierung der soeben geschilderten Verhältnisse mögen folgende Lesungen von H mitgeteilt werden[1]).

98 *mit im*; 190 *euch nit nênê*; 209 *vainê*; 210 *gestreit*; 266 *dem armê*; 310 *als des goldes*; 322 *vng' maniges*; 384 *kainê*; 463 *lebens gunst*; 464 *nit gelust*; 479 *Clausnere*; 481 *maist' schaft*; 490 *gedenken*; 494 *vnd' schaid*; 510 *witib* für *umb*; 550 *also* für *alleswâ*; 578 *ampt*; 616 *wolt ir*; 678 *gesprochen*; 707 *frot̂leich*; 710 für *juristen priester*; 796 *raup*; 824 *fleisichlich*; 857 *peil*η̂ für *bâgen*; 877 *lucz'l zucht*; 882 *rauchschwein*; 978 *miseling*η̂; 988 *liez*; 1001 *mus in dein' hant*; 1002 für *maht kanst*; 1003 *stich*; 1004 *deinê*; *rich*; 1017 *dein*; 1069 *straff*η̂ für *ze grâven*; 1088 *zolt*; 1113 *zu gering*η̂; 1140 *vil leicht*; 1142 für *unde schôn an scham*; 1150 *vnd zu de' pitter*η̂ *helle ker*η̂; 1151 *got wil selbr' scher*η̂ *nit*; 1228 *mit ewren her'n zu helle kumê*; 1281 *v'reter*; 1361 *vô euch iag*η̂; 1438 für *niht wol*; 1459 *weiszhait*; 1502 *nemt die ecker* (vielleicht η?); 1573 *nyė*; 1635 *sein vngleich*; 1651 *nicht loszlich vnd an pillich*(!?); 1652 *dy armê*(!?).

Eine sich auf gemeinsame Fehler gründende Verwandtschaft zwischen A und H läßt sich, soweit uns handschriftliches Material von A durch Karajans Mitteilungen unter seinem Text zur Verfügung steht, nicht erweisen, ist auch

[1]) Vgl. auch die im sprachlichen und metrischen Teil gelegentlich mitgeteilten Lesarten von H.

wenig wahrscheinlich, da die im Gegensatz zu A umgekehrte Reihenfolge der V. 557—590 und 591—622 in H kaum vom Schreiber stammen wird. —

Es erübrigt endlich einen Blick auf die Sprache des Schreibers von H zu werfen.

Die mhd. *î*, *u*, *iu* sind in betonten Silben ausnahmslos diphthongiert, aber selbst *-lich* kommt neben *-leichen* verhältnismäßig sehr selten vor. Der aus *î* entstandene Diphthong wird mit *ei (ey)* bezeichnet zum Unterschiede von dem alten, der durchweg *ai (ay)* geschrieben wird; das diphthongierte mhd. *û* wird gleich dem alten *ou* durch *au (aw)*, mhd. *iu* durch *eu (ew)* und — auf den bair. Wechsel von *iu* und *ou* zurückgehend (Mhd. Gram. § 125) — durch *aw* wiedergegeben. Einige Male wird *ew* zu *ei* entrundet (Bair. Gram. § 79). — Einige *i* und *u* neben *ie (ye)* und *uo* sind nur eine oberdeutsche Schreibermode (Mhd. Gram.[1] § 84).

Für mhd. *â* findet sich oft *o*, seltener *ai*, nie aber nach schwäbischer Weise *au*; für mhd. *ô* häufig *a* (Mhd. Gram. § 88; Bair. Gram. § 66).

Altes *ei* ist oft durch *a* wiedergegeben (Mhd. Gram. § 123).

Der Umlaut wird zumeist nicht bezeichnet; einige Male stellen sich für *ü* und *ö* die geschloßnen *i* und *e* ein (Mhd. Gram. § 73; Bair. Gram. § 13).

Vokallänge wird in weitem Umfang durch folgende Doppelkonsonanz angedeutet.

Das ungeschützte *e* der Flektionssilben ist fast durchweg apokopiert; das *iu* der Endung ist in *diu* zu *ye, y* (aber *sew*), sonst zu *e* geworden (manchmal hingegen, z. B. V. 347 *armew*, wie in Wurzelsilben zu *ew* entwickelt).

e unbetonter Silben wird nicht gerade oft als *i* geschrieben (Mhd. Gram. § 81).

Svarabhaktivokale, wie sie besonders im Bair.-Östr. beliebt sind (s. ebenda), stellen sich zuweilen ein: z. B. *gepirig*, *kirichen*, *geren* für *gern; zorinlich* usw. —

Der Wechsel von *b* und *w*, der in weitem Umfange in unserer Hs. anzutreffen ist, ist bair.-östr. Brauch, dem es auch am ehesten entspricht, wenn ausschließlich *p* für gewöhnliches *b* geschrieben wird (Bair. Gram. §§ 121 ff.).

An dem alten oberdeutschen *ch* ist nach Art der Gebirgsmundarten festgehalten: z. B. *chind*, *vnchert* (aber natürlich *vngert* 1071) (Mhd. Gram. § 227; Bair. Gram. §§ 180, 186); für *h* findet sich stets *ch* (Mhd. Gram. §§ 233ff.). *ch* wird zuweilen assimiliert z. B. *hoffart*; der Guttural in *niht* fällt meist aus. Selten begegnet *s* für *sch* (Bair. Gram. § 154); *sch* für mhd. *s* ist nie zu bemerken.

Auslautend stehen überwiegend Medien, für *c* oft *ch* (z. B. *sluch*) (Bair. Gram. § 186).

Endlich sei summarisch darauf hingewiesen, daß *ir* flektiert; *ew* und *ewch* durcheinander geworfen; stets *komen*, meist *hiet* usw., *schol* neben seltnem *sol* gebraucht wird; daß unser Schreiber von schwierigeren Worten abgesehen z. B. *vrum*, *swer* usw., *unz*, proklitisches *en-* nicht mehr kennt. —

Nach dem, was soeben über die Sprache des Schreibers von H kurz zusammenfassend gesagt ist, dürfte m. E. kaum Grund vorhanden sein, daran zu zweifeln, daß uns die Worte am Schluß der oben erwähnten Reimerei *Jacobus denouo foro p͡ro lincz* den Namen des Schreibers und, was ungleich wichtiger ist, dessen Heimat richtig angeben.

II. SPRACHE UND REIMGEBRAUCH.

A. ZUR LAUTLEHRE.

§ 1. Vokalismus.

a) Quantität.

Die fast durchgehend strenge Scheidung von langen und kurzen Vokalen im Reim, wie sie von „rein" reimenden Alemannen und Franken mit Ausnahme der nicht gerade sehr häufigen Bindungen von *i : î* vor *n* und von *e : ê* geübt wird, gilt besonders nicht beim

a:

Bindungen von *a : â*, wie sie sich in großer Anzahl unter den 828 Reimpaaren finden, fehlen entweder den nichtbairischen Mundarten ganz oder sind, wenn sie überhaupt zugelassen werden, doch überaus selten (mit Ausnahme etwa Wolframs, seines Nachbars und Schülers Wirnt, Freidanks) wie z. B. bei Herbort (Zw. 44, 6; Zw. 45, 99).

-aht : -âht. V. 855 findet sich *aht* (Art und Weise) *: vollebrâht.* An Erscheinungen, welche die Kürzung des *â* vor *ht* im Nhd. zuwege gebracht haben, wird hier kaum zu denken sein, denn in den übrigen 4 Reimen im Typus *-aht(e)* (*aht : -aht* 35 1001; *-âht : -âht* 1091 1339) wird *a* und *â* streng geschieden. An einen literarischen Reim zu glauben, wird nicht angängig sein, da das einmalige Vorkommen gegenüber der Zahl der quantitativ reinen Bindungen ausreichend erscheint. Neben den Baiern bringt Wolfram ebenfalls diese Bindung, während sie Wirnt fehlt (Zw. 44, 20ff.). —

-ac (-acke-) : -ac (-age-) findet sich einmal V. 721 *gîtsac : tac* gegenüber 7 Bindungen *-ac (-age-) : -ac (-age-)*

V. 129 271 497 1023 1077 1225 1433, gegenüber einer von *-at (-ate-) : -at (-ate-)* V. 77 sowie dem völligen Fehlen eines Reimes von *-at (-ade-) : -at (-ate-)*, so daß es zweifelhaft bleibt, ob in dieser Stellung schon Dehnung des *a* anzunehmen ist (Beitr. 28, 438 Anm. 2). —

wâfen reimt 834 auf *strâfen* (Mhd. Gram. § 88). —

Alle andern Bindungen von *a : â* überwiegen bei weitem die im Typus *-an*. *an*, *kan*, *man* sowie dessen Komposita *dienst-*, *kouf-*, *schâchman* und *gewan* reimen nicht weniger als 22 mal auf *gân*, *getân*, *undertân*, *bestân*, *riffiân*, *hân* (Inf., Ind., Konj.). Vor *n* dürfte also *a* gedehnt worden sein: dafür sind auch die 9 in jener Zahl einbegriffnen Reime mit *hân* in Anspruch zu nehmen. Wäre die den Alemannen und meisten Rheinfranken sowie Südfranken eigentümliche Nebenform *hăn* anzusetzen, so dürfte nicht außerdem eine derartig hohe Zahl von Bindungen — dann aber doch nur ganz sporadisch — von *an : ân* im B. d. R. vorkommen, das auch hierin bairischem und von den Ostfranken Wolframs und Wirnts Brauch folgt (Zw. 44, 6ff., bes. 9 Anm., 11, 12, 20ff.; Abh. 156). —

Sodann wird *a : â* vor *r* gebunden. Es reimt zwar *dar : schar* (Abteilung) 1229, *gebar* (3. Prät.) *: gar* 1547 sowie *hâr* (Haar) *: offenbâr* 1145, *wâr : offenbâr* 1631, aber auch *gar : offenbâr* 649, *ungebâr* (Dat.) *: wâr* 1611. Den Zahlenverhältnissen angepaßt würde hier das B. d. R. außer den Baiern Wolfram und Wirnt nahe stehen (Zw. 44, 20ff.). —

Für reguläres *â* erscheint 1209 in *Satanas : baz* die Kürze (Zw. 44, 10ff.). —

In der Anwendung von *-at : -ât* würde unser Dichter wieder eher noch Wolfram als Wirnt folgen, der einen Reim von *stat : hât* 199 in seinem ungleich längeren Gedichte überhaupt nicht aufweist (Zw. 44, 22f.). Ein *ich hân* schließt doch wohl ein *er hăt* aus. —

Dem Versuch eine sichere Entscheidung zu treffen, ob *âz* anzusetzen ist oder das vor allem fränkische *ăz*, steht die Kürze des Gedichtes entgegen. Aus dem einmaligen Vorkommen des Plurals *âzen : vergâzen* 63 und dem Fehlen von Bindungen mit dem 11 mal im Reim erscheinenden Typus *-ăz* kann kaum der sichere Schluß auf das Präteritum mit langem Vokal gezogen werden, denn dann müßte der Plural oder Konjunktiv zum mindesten häufiger den Reim bilden. Die Gelegenheit, das Wort zu verwenden, ist überhaupt gering (Zw. 44, 18ff.).

e:

Was die Form für nhd. „Herr" anbetrifft, so ist *hêre* ausgeschlossen, da es an Reimmöglichkeiten natürlich auch im B. d. R. nicht mangelt. Anders *herre* und *hêrre*, wofür die entsprechenden Kuppelworte wie etwa *verre*, *werre*, *mêrre*, *êrre* zu fehlen scheinen (Zw. 45, 26), so daß beiden Geltung zugestanden werden muß, was gegen fränkische, aber für bairische Herkunft spräche (Zw. 44, 302; Zw. 45, 24, 27; Abh. 475f.).

Für die Reime von *e : ê* 15 359 1211 sei auf den Abschnitt, in dem die Qualität zur Besprechung kommt, verwiesen.

i:

Die Endung *-lîch* erfährt bei Adjektiven und Adverbien in 6 Fällen — 269 395 645 1283 1541 1589 — Kürzung, wo sie auf *mich*, *dich*, *sich* reimt.

In allen übrigen Fällen — ob einsilbig, ob zweisilbig — ist das Suffix (sicher auch in jenen, wo es in sich gebunden wird) mit langem Vokal anzusetzen.

Sicher bezeugt ist er 1219 *entwîche* (3. Konj.) *: zornlîche* (Adv.) und 1195 *gelîchen* (Inf.) *: sicherlîchen*; ebenso 121 459 1107 1223 1257, wo *-lîch(e)* auf Substantiva mit *-rîch* als zweitem Kompositionsgliede gebunden werden, denn diese reimen n i e mit den Akkusativen der Personalpronomina. Was endlich sollte den Dichter veranlaßt haben, 12 mal — 301 543 665 843 909 911 1123 1269 1441 1633 1635 1647 — gerade das Suffix in sich, aber 5 mal wieder *mich*, *dich*, *sich*, die Imperative *rich(e)*, *stich(e)* — 203 453 825 981 1003 — untereinander zu binden? Warum sich einen lästigen und unbegründeten Zwang auferlegen, wenn quantitativ (und qualitativ!) ein *-lich(e)* einem *-ich(e)* unterschiedslos gleich war? Ähnlich (*-lîch* die Regel, selten *-lĭch*) — außer

Heinr. v. Türlein, Dietr. Flucht, Rabenschlacht — Wolfram, Wirnt, Freidank.

gelîch(e) wie *rîch(e)* reimen wohl untereinander 237 1143 1291; *gelîch(e)* : *-lîch(e)* 499 805 1009 1423; *gelîch(e)* : *rîch* (Subst. Dat.) 1043 1583; auf *ertrîch* (Dat.) 1345; aber *gelîch(e)* und *rîch(e)* nie auf *mich* usw., sind also lang[1]). Kürze bevorzugen Süd- und Rheinfranken, Oberdeutsche hingegen *gelîch(e)* und *rîch(e)* (Zw. 45, 82 ff.).

Der Vokal im Suffix *-lîn* der Substantiva ist stets lang — 145 229 509 881 1311 1653 — im Reim auf *dîn*, *sîn* (Inf.), *swîn*, *wîn* (Zw. 44, 30).

Dagegen wird 141 *künegin* mit *sin* (Nom.) gebunden, das, wenn man aus dem einmaligen Vorkommen überhaupt einen Schluß ziehen darf, dem Brauch Heinr. v. Türl. und Dietr. Flucht (beide östr.) entsprechen würde, während z. B. Fleck, Rudolf, Otto, Stricker, Trimberg sowie die Dichter des Mor. v. Craon, der Elisabeth, Erlösung ausschließlich *-în* kennen, Wirnt zwar häufiger *künigîn*, im allgemeinen sonst aber *-în* hat (Zw. 45, 78 ff.). Ein *-inne*, das nach Zw. a. a. O. allen Dichtern eigen sein soll, ist wohl auch nur zufällig nicht belegt. Das Metrum erfordert V. 103 ein *eselinne*!

(hin) in ist 243 im Reim auf *sin* (Nom.) als kurz bezeugt wie bei den meisten mhd. Autoren: ausschließlich *în* bei Wolfram, Hugo v. Trimb., Konrad, Gotf. v. Straßburg sowie einigen Niederalemannen und Schwaben, z. B. in der Guten Frau und bei Ulr. v. Türh. (Zw. 45, 74).

Ob *drĭn* oder *drîn* gilt, ist nicht zu belegen.

i : î reimt entsprechend dem Brauche der Österreicher, Baiern und Ostfranken niemals (Beitr. 28, 439), während derartige Bindungen alemannischen Dichtern durchaus nicht als anstößig galten (Zw. 44, 11; Zw. 45, 78 ff.).

Reime von *o : ô*, die bei Alemannen vor *rt* nicht zu den Seltenheiten gehören (Zw. 44, 11), und *u : û* fehlen: V. 309 findet sich bezeichnenderweise *wort : hort* (Schatz)!

---

[1]) Also wohl auch 631 zu lesen *unwirdeclîch : tägelîch* (Beitr. 28, 446).

Die Frage, warum Bindungen verschiedener Quantitäten bei bestimmten Vokalen zugelassen, bei anderen gemieden werden, führt zur Betrachtung der

b) Qualität.

Selbst „die Besten der guten mhd. Dichter“ gestatten sich Reime von Länge und Kürze, so daß kaum angenommen werden kann, Quantitätsunterschiede an sich hätten im Reim dem feinen Ohr des mhd. Publikums für anstößig gegolten. So ist mit vollem Recht die Ansicht vertreten worden, „daß strenge Scheidung historischer Länge und Kürze immer anzeigt, daß die quantitativ historisch verschiedenen Vokale dann in der Mundart des betreffenden Dichters auch qualitativ verschieden waren“ (Zw. 45, 68 bes. Anm. 2).

Wenn nun im B. d. R. *a* mit *â* — in Anbetracht des geringen Umfanges — „in Massen“ gebunden wird, hingegen Reime von *i : î* trotz beinahe ebenso großer Möglichkeiten wie beim *a* ängstlich gemieden werden, so ist daraus der Schluß zu ziehen, daß die verschiedenen Quantitäten des *a* in der Mundart des Verfassers qualitativ gleich waren, nicht hingegen jene des *i*, dessen Länge eben diphthongische Qualitäten hatte. Alemannischer und, was insonderheit das *a* anbetrifft, schwäbischer Herkunft kann das nicht sein, auch kaum elsässischer, süd- und rheinfränkischer; während andererseits gleich den Baiern und Ostfranken selbst die meisten Süd- und Rheinfranken eine Scheu vor der Bindung *i : î (u : û)* zeigen (Zw. 45, 68ff.). —

Was grob mundartliche Reime anbetrifft (vgl. Paul, Mhd. Gram.[6] §§ 98ff.; Zw. 45, 68 usw.), so finden sich weder bair.-östr., noch alem.-els., noch mitteldeutsche. —

Eingehenderer Erwägung bedarf die Frage, wie sich die etymologisch qualitativ (und quantitativ!) gleichen und verschiedenen **e**-Laute zueinander verhalten.

Zunächst kommt das kurze *e* mit seinen verschiedenen historischen Qualitäten in Betracht. Es mögen im folgenden deshalb die hierin vorhandenen Reimtypen aufgeführt werden, soweit nach dem Wortmaterial verschiedene Qualitäten zu erwarten gewesen wären:

ė und ë vor Liquida, geminierter Liquida und Liquida + Konsonanz:

-ër:

begër (3. Konj.) *: dër* 573; *(hin u.) hër : dër* 1321; *(iu ist) gėr : spër* 1497.

-erbe(n):

verdėrben (sw. Verb.) *: ėrben*[1] (Inf.) 835; *ėrbe* (Sbst. N.) *: verdėrbe* (3. Konj. sw. Verb.) 1331; aber *verdërben* (st. V.) *: stėrben* (st. Verb. Inf.) 1473.

-ern(e):

nėrn : verzėrn 347; *swėrn* (schwören) *: genėrn* 1389 1399; davon streng geschieden

schërn : gërn (Adv.) 1149 und *lërne* (D. Sbst.) *: gërne* 757.

-ert(e):

verzėrt : vėrt 259; *nėrt : wėrt* (3. Präs. z. ahd. *werju*) 577; *wėrt* (dass.) *: ernėrt* 861; *ernėrt : enwėrt* (dass.) 1599; *gėrte* (Zweig) *: hėrte* 111; dagegen

wërt (dauert) *: swërt* (N. Pl.) 219; *unwërt : gërt* (begehrt) 363; *swërt* (D. Sg.) *: begërt* 1011; *wërt* (dauert) *: schërt* 1147; *wërt* (wert) *: begërt* 1385.

-elle, -elt(en):

hėlle : gesėlle 1207; *erwėlt : gezėlt* (Part.) 293; *wėlt* (wollt) *: zėlt* (2. Pl.) 1087; *schëlten : gëlten* 857.

ė und ë vor Muta:

In *-ebe-* waren wegen der sehr großen Seltenheit von *-ėbe-* historisch ungleiche Qualitäten, zumal bei dem relativ

---

[1]) So ist in beiden Handschriften überliefert. Karajans Eingriff in V. 836 zerstört zunächst die Lebendigkeit des Ausdruckes, die an dieser Stelle der Zusammenhang unbedingt erfordert. Weiterhin schließt seine Konjektur durch einen Reim *verdėrben : wërben* einen argen Verstoß gegen die in dieser Stellung auch im B. d. R. streng beachtete bairische „*e*-Regel" in sich. Wenn nun vielleicht auch in späterer Zeit manchmal das st. *verdërben* mit dem schw. *verdėrben* verwechselt wird (vgl. Zw. 45, 400), wenn ferner selbst *wėrben* — allerdings ganz ausnahmsweise! — neben *wërben* gebraucht wird (Zw. 44, 272 Anm.), so hat es doch seine Bedenken, auf diesen Grund zu bauen, wo ein leichter erklärliches *wes* für *waz* Abhilfe schafft.

geringen Umfang des B. d. R., kaum zu erwarten. 13 mal finden sich hier nur *-gëb-*, *-lëb-*, *-strëb-*.

Das überaus seltene *-ede-* erscheint nur einmal V. 70 und hier noch in der Kontraktionsform *ei* (vgl. d. Abschnitt ü. d. Kontraktion).

Wo aber Bindung etymologisch ungleicher lautlicher Werte noch am ehesten möglich ist, im Typus *-ege-*, zeigt sie sich auch sofort. Und das ist bemerkenswert bei dem verhältnismäßig geringen Umfang des B. d. R., denn in kürzeren bair.-östr. Gedichten fehlt diese Art der Bindung gewöhnlich ganz und allein das gleichzeitige Fehlen der *-ége-*Bindungen in sich gibt ein Kriterium ab für deren Heimat (Zw. 44, 254 bes. Anm. 3). Unter den 4 hier in Betracht kommenden Reimen 521 667 1051 1127 sind trotzdem allein zwei — *lègen : under wëgen* 667 als auch *sëgen : phlègen* 1127 — für die Bindung von *-ége- : -ëge-* in Anspruch zu nehmen, da *phlegen* 1128 — so auch bei Seifried (Zw. 44, 271) — schwaches Verbum nach bair.-östr. Art sein dürfte (Zw. 44, 390), denn sonst würde, abgesehen von dem Part. *gephleit* 1182, angesichts der massenhaften Reimmöglichkeiten ein bequemes *phlac* erwartet werden müssen [1]).

Das Ergebnis der Zusammenstellung der verschiedenen *e*-Laute in diesen besonders interessanten Stellungen ist dahin zusammenzufassen: *é* und *ë* werden vor Liquiden oder Liquida + Konsonanz streng geschieden, haben hier also ihren etymologischen Lautwert behalten; dagegen ist, da *è* und *ë* vor *(b, d) g* gebunden wird, ohne daß historisch reine Reime von *é : é* entgegenstehen, Zusammenfall der beiden Laute in dieser Stellung zu konstatieren, was beweist, daß *e* hier geschlossen ist (Zw. 45, 399).

Vor andern Konsonanten und Konsonantengruppen werden beide Qualitäten, soweit das nicht an dem naturgemäß dürftigen Material liegt oder durch historische Verhältnisse bedingt ist, beachtet; sie dürften demnach also bewahrt geblieben sein. Nur 115 findet sich *èsten* (D. Pl.) *: gebresten*, dessen *e*

---

[1]) Das V. 521 bezeugte Part. *gephlegen* widerspricht dem nicht im mindesten (Zw. 44, 390).

aber in den Mundarten zwischen offner oder geschloßner Qualität schwankt (Zw. 44, 249 Anm.). —

Das überoffne *ä* endlich erscheint einmal 137 *geslähte : mähte*, bezeichnenderweise aber nur im Reim in sich, nicht etwa auf 5 mal unter sich gebundenes *rëht(e)*, *slëht(e)*, *knëht(e)*, *sëht*, *jëht* (Zw. 44, 280 ff., 299). —

Der Gebrauch der *e*-Laute im B. d. R. ist spezifisch bair.-östr. und erstreckt sich außerdem nur noch auf den größten Teil der Oberpfalz und Westböhmens. Was insonderheit *ė* und *ë* vor Muta anbetrifft, so sind sie im 13. Jahrhundert auch im ostfränkischen Grenzgebiet gegen Baiern hin zusammengefallen, dagegen verschieden geblieben in einigen Teilen des engeren Baiern, vermutlich in den westl. und nordwestl., ans Ostschwäbische und Fränkische grenzenden Gebieten (Zw. 44, 259 ff., 278; Zw. 45, 400, 407).

Schwierig gestaltet sich die Frage nach der Qualität des langen *e*-Lautes.

ê und *æ* reimen trotz massenhafter Möglichkeiten niemals, dürften also auf keinen Fall ihrem Lautwert nach gleich gewesen sein. Es hätte gewiß viel für sich zu glauben, *æ* habe analog den Verhältnissen von *ä* und *e* (s. o.) seinen überoffnen Wert bewahrt. Indes die Reime *lêrn : wêrn* 15 und *kêrn*[1]) *: nêrn* 1211 — vielleicht auch die zweimal 133 451 bezeugten Reime eines Fremdwort-*ê : ê* (vgl. Zw. 44, 269) — sind geeignet, diese Ansicht zu erschüttern und ließen auch wohl den Schluß zu: *ê* wird deshalb nicht mit *æ* gebunden, weil jenes eben nach ost- und südfränkischer Art geschlossen, dieses hingegen offen ist (Zw. 45, 25). Dem widerspricht nun entschieden ein *entêrn : wundergërn* 359 sowie das vorhin erwähnte, wichtige Durcheinanderwerfen von *ė* und *ë* vor Muta und Scheidung von *ä* und *ë*. Im Grenzgebiet zwischen offnem (Baiern-Ostschwaben) und geschloßnem (Hoch- und Niederalemannien) *ê* und in Nordbaiern machen sich aber Schwankungen in der Bindung von *ê* mit *ė* und *ë* bemerkbar (Zw. 45,

[1]) *kêrn* reimend auf *ė* ist auffallenderweise noch einige Male nachzuweisen in bair.-östr. Denkmälern: z. B. Heinrich v. d. Türlein, Krone 19002 *kêrt : gewėrt*; St. Christophorus (ZfdA. 26) 1057 *bekêrt : vėrt*, 1703 *bekêrn : genėrn* (Zw. 44, 274; Zw. 45, 408 f.).

409). An wirklich unreine Bindungen, wie etwa bei Seifried (Zw. 45, 406 Anm. 1), zu denken, ist kein Grund vorhanden, denn. abgesehen von einigen fränkischen Spuren im B. d. R. muß es bei einem ausgeprägten Baiern Befremden erregen, wenn die Bindungen von *-êr- : -ër-* in so hohem Maße wie in unserem Gedicht zurückstehen gegen die quantitativ reinen Reime. Wäre bei einem spezifisch bairischen Autor nicht das gerade Gegenteil zu erwarten?

Über die Qualität des *ei* vgl. Abschnitt d.

c) Umlaut:

Das zur Verfügung stehende Material ist ziemlich dürftig. Kurzes *a* ist nicht umgelautet in *gesatten* (sw. tr.) *: blatten* („Tonsur" A. Pl.) 605. — Falls nicht ahd. *gâhôm* zugrunde liegt, hat langes *â* den Umlaut nicht erfahren in *gâhen* (eilen)*: hâhen* 1361, wahrscheinlich dann auch nicht in *versmâhet* (Part.) *: gâhet* (2. Pl.) 809, dagegen findet er sich in *ræt* (3. Sg.) *: stæt* 1447 und in *gæhe* (Dat.) *: geschæhe* (3. Konj. Prät.) 515 1085 (vgl. Mhd. E. B. § 74, 4a).

Bezeugt ist der Umlaut ferner für *hœret* (3. Sg.) *: stœret* (2. Pl.) 1073.

u und umlautfähiges *u* wird scharf geschieden: *stunde : grunde* 773, *: munde* 879; dagegen *sünde : urkünde* (Dat.) 1249. Ebenso *gebunden : stunden* 1105 1625 von *sünden : künden* 157 179, *: schünden* 1063. *wolnust : gelust* (3. Konj.) reimt 463[1]).

Gegenüber Karajans Formen mit langem *û* ist 1263 *gebriuwen* (Part.) *: getriuwen* (Inf.) oder mit speziell bairischem

---

[1]) *wollüste : gelüste,* wie Karajan im Gegensatz zu seiner Hs. A lesen will, machen verschiedene Erwägungen höchst unwahrscheinlich. Einmal würden so (allerdings ja durch Apokope zu behebende) vierhebig klingende Verse sowie, was schon auffälliger wäre, ein durch keinen Bedeutungsunterschied gemilderter rührender Reim entstehen: beides ist im B. d. R. keineswegs beliebt (vgl. Teil III § 3Cb und § 4b1). Ferner, mag der Schreiber von H auch nicht besonders zuverlässig sein, wie sollte er aber dazu gekommen sein, gerade hier derartigen Unsinn, wie *gunst* es doch hier ist, zu schreiben? Sicherlich nicht, wenn in seiner Vorlage ein so gebräuchliches und leicht verständliches Wort wie *wollust* gestanden hätte. Anders hingegen, wenn er ein noch so deutliches, ihm aber schon fremdes *wolnust* vorfand.

ou anzusetzen, da es daneben nur noch diese Partizipialform mit *ou* gibt (vgl. Mhd. E. B. §§ 145, 1b; 201).

Schließlich eínmal *trüege* (3. Konj.) *: ungefüege* 717.

Über die Verhältnisse in den obliquen Kasus von *i*-Stämmen usw. vgl. S. 21 ff.

d) Kontraktion:

1) von *-adet* und *-edet* zu *-eit* ist je eínmal belegt: *ungebeit* (ungebadet) *: leit (ist l.)* 1139; *drîvaltekeit : reit* (redet) 69. Ist schon das — wenigstens für *ei* aus *ade* sonst überaus seltene — Erscheinen von Kontraktionsformen im Reim bemerkenswert, so dürfte daneben vielleicht die Art der Bindung — *ei* aus *ade* auf altes *ei; ei* aus *ede* auf ein in seiner Qualität schwankendes *ei* — nicht Zufall sein (Zw. 44, 390; Zw. 45, 416). *gebeit* aus *gebadet* ist allein auf bair.-östr. Gebiet (und in Teilen Schwabens?) zu finden, *-eit* aus *-edet* hingegen auch im Alemannischen verbreitet (Zw. 44, 375; Fischer bes. S. 65).

2) von *-aget* und *-eget* zu *-eit* findet sich in folgenden Fällen sicher bezeugt:

kleit (Part.) *: reit* (3. Prät. st. Verb.) 103, *: treit* (3. Sg.) 1317;

gekleit (Part.) *: bôsheit* 27 und *unbekleit : kristenheit* 11;

meit : reinekeit 361;

verzeit (Part.) *: bereit* 627;

seit (3. Sg.) *: breit* 113, *: rehtekeit* 411, *: leit (wære l.)* 1243, *: bôsheit* 1261, *: wârheit* 1619;

seit (2. Pl.) *: kristenheit* 163, *: wârheit* 1609;

geseit (Part.) *: treit* (3. Sg.) 367, *: bôsheit* 619, *: leit (wære l.)* 647;

(ver)treit (3. Sg.) *: leit (noch durch l.)* 3, *: geseit* (Part.) 367, *: kiuschekeit* 465, *: kleit* (3. Sg.) 1317, *: arbeit* 1337;

treit (3. Pl.) *: geislîcheit* 545, *: arbeit* 1247;

leit (3. Sg.) *: arbeit* 1505;

gephleit (Part.) *: werdekeit* 1181.

Indifferent könnten dagegen nur sein:

geseit (2. Pl.) *: verdeit* (2. Pl.) 153 (Karajan setzt die unkontrahierten Formen allein an dieser Stelle!);

seit (3. Sg.) *: kleit* (3. Sg.) 177;

verseit (Part.) *: kleit* (3. Sg.) 1425.

Der Verfasser bedient sich im Reim also — man darf wohl sagen: durchweg — der bequemen *ei*-Formen. Daß er daneben in seiner Mundart die vollen gekannt hat, ist natürlich selbstverständlich (Zw. 44, 369f.).

Die Kontraktion zu *ei* aus unzweifelhaft sicherm *age,* wie sie im B. d. R. durch *(ge)kleit, meit, verzeit* bezeugt wird, ist eine fast ausschließlich bair.-östr. Eigenart, die höchstens etwa noch auf Grenzgebiete gegen Ostfranken hin übergreift (Abh. 471f.; z. B. aber nicht bei Wolfram Zw. 44, 355f.!). Dafür spricht auch das wiederholte Vorkommen von *seit,* besonders *ir seit* und *ir treit* (Fischer 25f., 66, 71ff.; Zw. 44, 345ff., 352ff., 395ff. usw.).

Qualitativ dürften die *ei* in *seit* und *treit* denen in *kleit, meit, verzeit* gleichstehen, also aus bair.-östr. *-aget* entstanden sein, da sie abgesehen von den Reimen auf *-heit,* (dem *arbeit*[1] zuzuzählen ist) (vgl. Zw. 44, 385), mit qualitativ sicherm alten *ei* — eínmal mit *breit* und 3 mal mit *leit* (Adj. Sbst.) — nach bair.-östr. Art gebunden werden (Zw. 44, 377ff., 396; Zw. 45, 414ff.).

ei aus *ege* reimt wieder bairischem Brauch gemäß zwar auf *werdekeìt, arbeìt* (vgl. Zw. 44, 385), n i e aber auf sicheres altes *ei* und n i e auf *ei* aus *age,* freilich ebenfalls noch(?) nicht auf diphthongiertes *î* trotz größter Möglichkeit, wie es in Dichtungen aus Bair.-Östr. im letzten und vorletzten Jahrzehnt des 13. Jahrhunderts üblich ist (Zw. 44, 391; Scherer, Lit. Zentralblatt, 1868, Sp. 978). Trotz der naturgemäß geringen Anzahl von Belegen für die Kontraktion von *ege* und *ede* müßte es jedenfalls ein merkwürdiger Zufall gefügt haben, daß das *ei* aus *ede, ege* und das *ei* aus *ade, age* im Reim nicht die gleiche Behandlung erfahren haben!

3) von *-ît* aus *-ibet* ist 7 mal bezeugt im Reim von *gît* (3. Sg.) *: zît* und *nît* 471 977 1029 1079 1415 1463 1467. Zu beachten ist immerhin die für *-ibet* bestehende, große Reimnot (Abh. 471).

[1]) Schon die gehemmten Umlaut wirkende Kraft dieses *ei* zeigt, daß es qualitativ dem aus *î* entwickelten Diphthong näher stehen mochte als altem *ei;* andrerseits hat es wohl mit dem *ei* in *-heìt* den durch geminderte Betonung bedingten, eigentümlichen Wechsel gemein.

von *-ît* aus *-iget* wird 6 mal für *lît* (3. Sg.), nicht für die 2. Pl., auch nicht für das besonders ostmitteldeutsche *phlît* (Zw. 45, 419), belegt im Reim auf *gît* (Sbst.), *nît, zît* und zwar 287 291 421 759 885 1641. Bindungen von *-iget* kommen daneben — weder in der 3. Sg. noch 2. Pl. — vor, ohne damit durchaus die Möglichkeit derartiger Formen für unser immerhin kurzes Gedicht bestreiten zu wollen. Die vorliegende, fast gleich häufige Verwendung von *lît* im Reim, die sich als überaus bequem darbot, ist z. B. nicht nach Wolframs Art (Abh. 470; Zw. 44, 397ff.).

§ 2. Konsonantismus.

a) Dentale.

Das allen Baiern und Östreichern mit nur wenigen Ausnahmen — es sind dies Konr. v. Fußesbrunnen(!) und Herrand v. Wildonie (Zw. 45, 44) — sowie fast allen Rhein- und Ostfranken — so Wolfram, Wirnt usw. — fehlende Part. *gesat* mit erhaltenem germ. *t* erscheint im B. d. R. trotz leichter Reimbarkeit (etwa *stat, bat* 77 199) nicht, allerdings auch nicht das allen Dichtern gemeinsame, dafür aber schwierig zu bindende *gesetzet* (Abh. 484f.; Zw. 45, 43ff.).

Für die Erweichung des *t* zu *d* nach *n* ist der Reim *landen* (D. Pl.) *: erkanden* 19 kein ganz zuverlässiges Zeugnis, denn *-ande* überwiegt *-ante* allzu sehr (Abh. 483). Außerdem kommt nur noch das Prät. von *senden* mit apokopiertem *e* (vgl. S. 28) als *sant : lant* (Pl.) 83 vor. Über den Charakter des Dentals im Prät. von *senden* vgl. Zw. Abh. 483.

Karajan setzt zwar neben *wolte : solte (-et, -en)* — 107 473 695 1593 553 669 355 — *wolde : solde* 919 1049, die Medien sind indes nie belegt, obwohl es an Kuppelworten im Versinnern (z. B. *golt* 310 719; *holt* 893 usw.) keineswegs fehlt. Auch sonst ist Erweichung der Tenuis nach *l* nirgends bezeugt.

Ebensowenig erscheint eine Bindung von *-erde- : -erte-* (vgl. Mhd. E. B. § 152, 2b und c).

Da *dulden* sich im Reim trotz der Häufigkeit des Typus *-uld-* (51 175 789 923 1213) nicht zeigt, könnte das Hartmann fremde *dulten* die Form unsers Gedichtes sein (Abh. 491).

tt : t reimt nie: es findet sich *spot* (Dat.) *: got* (Akk.) 1159; *spot* (Akk.) *: got* (Akk.) 1133 1375, *: gebot* (Dat.) 1577, *: got* (Dat.) 561 1115, ein *gote : gebote* 1617: nirgends indes ein *gote : spotte*. Analog hierzu ist *drite* (: *site* Dat. 469) mit einfachem Dental anzunehmen.

t wird mit *d* weder nach langem noch nach kurzem Vokal gebunden, dagegen

s : z 6 mal: *baz : was* 373, *: Satanas* 1209 (vgl. *Jûdas : was* 1349); *grundelôs : grôz* 711; *vridelôs : blôz* 991; *hûs : ûz* 239 283 779. Es ist dies seltner mitteldeutsch als oberdeutsch (vgl. Mhd. Gram. § 204ff.).

Schwund eines *t* ist für *geislîch (: vreislîch)* 543 911 1633 zu verzeichnen. Wenn diese tatsächlich schon sehr früh allgemein auftretende Erscheinung (Mhd. E. B. § 123 Anm. 3) selbst wirklich eine rein alemannische Eigentümlichkeit wäre, wie O. Jänicke (ZfdA. 16, 476ff.) glaubt, so wäre sie doch noch keineswegs ein Beweis für alemannische Heimat, denn *geislîch* erweist sich durch die Behandlung seines Diphthongs im Reim bair.-östr. Dichter als ein aus dem Alemannischen entlehntes Wort (Zw. 44, 396).

b) Gutturale.

Auslautendes *g* wird einmal mit altem *k* gebunden: *gîtsac : tac* 721 (nicht bei späteren Alemannen Beitr. 28, 439), nach Konsonant indes nicht, denn *ranc : twanc* 85 steht einem *gedanc : kranc* 1655 gegenüber.

Neben *niht,* das nicht weniger als 16 mal belegt ist, fehlt die Form *niet*, für die an Kuppelworten natürlich kein Mangel war (*diet, riet* u. Komp.).

Für *h* zwischen Vokalen läßt sich bei der Dürftigkeit des Materials kaum etwas Bestimmtes sagen: *versmâhet : gâhet* und *vaste gâhen : hâhen* (Inf.) 809 1361 neben *enphân* (Inf.): *getân* 73 spricht eher für die oberdeutsche, gutturallose als mitteldeutsche, kontrahierte Form, denn die Reimmöglichkeiten auf *-ât* wie auf *-ân (-an)* wären unbegrenzt gewesen (Abh. 162 f.; Zw. 45, 47 ff. bes. 67). Durch die Behandlung des Präteritums erhalten wir keine Stütze: neben einmaligem *vie : gie* 1363, die gutturallosem *vân, gân* entsprächen, reimen diese Präterita allerdings nie auf sicheres *-ie*, das aber in den Reimen des B. d. R. überhaupt nicht erscheint (ebenso bei Wolfram: die Unfähigkeit der *ie, nie* usw. den Reim zu tragen liegt hier nach Zw. an der stark beeinträchtigten Tonstärke).

Auslautend dürfte *ch* anzusetzen sein, da *gâch* mit *nahtschâch* 1241, mit *her nâch* 1513, hingegen nie mit *dâ, Indiâ, Mariâ, Sodomâ* 79 507 1305 und *vlôch* nur mit *hôch* 81 gebunden wird und niemals mit *sô, alsô, drô, vrô* 169 599 913 937 993 1343 1443 1487.

ht : cht liegt vor in *mahte* (fecit) *: trahte* 1021. Es ist dies indes kein „sicheres" alemannisches Kennzeichen, wie Jänicke (ZfdA. 16, S. 477) will, sondern das fränkische, insonderheit südfränkische *t*-Präteritum (Zw. 45, 23 Anm. 2).

Von der Kontraktion über *g* ist bereits S. 16 ff. gehandelt.

Karajans Schreibung endlich *patriarken : arken* (N. Pl.) 313 steht an und für sich nichts entgegen (vgl. Mhd. E. B. § 129 Anm. 2).

c) Labiale.

Ausfall eines *w*, wie ihn Karajan in *getriu : siu* 539 annimmt, machen allein metrische Erwägungen wahrscheinlich (vgl. Teil III § 3 C b). Die allgemein häufiger als ihre Vollformen gebrauchten *ê* (Dat.) und *drô* (A. Pl.) reimen auf sicheres *ê* (*wê* 17 253) und *ô* (*alsô* 169 599 937), nicht aber *triuwe, niuwe, siuwe* usw. (539) 1013 1171 auf sicheres *iu*, das nur wieder in sich 299 455 1553 gebunden wird. Dagegen kommt *ruo* (A.) *: zuo* 41 1481 vor.

d) Liquiden.

r ist im Auslaut in *mêre* erhalten geblieben: gegenüber der Bindung mit *êre* 417 671 1027 1495 vermissen wir die mit sonst häufigem *ê* (Subst. Adv.), *wê, stê, Noê* usw.

Das Wort des Dichters für nhd. „Herr" dürfte mit Doppel-*r* anzunehmen sein, da trotz größter Reimmöglichkeit zu *-êre* (10 mal) das Wort im Reim gemieden wird. Im übrigen vgl. das zur Quantität o. S. 9 Gesagte.

r in *wërlt* könnte, wie es namentlich im Bair.-Östr. der Fall ist, geschwunden sein (s. Mhd. E. B. § 169). Daß es trotzdem nicht im Reim auf *wélt* und *zélt* 293 1087 erscheint (so z. B. bei Ostalemannen Beitr. 28, 451), verhinderte dann die bairische „*e*-Regel“.

e) Nasale.

m : *n* erscheint 4 mal nach den kurzen Vokalen *a* und *i*: *kam* : *man* 109, : *began* 117; *nimt* : *vint* (3. Sg.) 971, : *kint* 575. Bei Hartmann, Gotfried, Rud. v. Ems finden sich derartige Bindungen — wenigstens nach Kürze — nicht. Sprachlich unrein müssen sie ebensowenig sein wie etwa bei Walther, Konr. v. Fußesbrunnen, in den Nibelungen, mit denen unser Gedicht hierin das doch immerhin seltene Vorkommen gegenüber fränk.-alem. Denkmälern, die sich dieser Bindung bedienen, gemein hat: in der Guten Frau z. B. findet sich allein *-am* : *-an* 22 mal, im B. d. R., das ungefähr halb so lang ist, gerade 2 mal (Mhd. Gram. § 216; Zw. 45, 72 Anm. 1; Beitr. 28, 451).

B. ZUR FLEXIONSLEHRE.

§ 3. Deklination.

a) Substantivum.

Neben den stark flektierten Formen von *erde* (*ûf e.* 43, *ûf der e.* 387 1041 1167) kommt zweimal *ûf erden* 381 475 vor wie bei Wolfram, aber nicht bei Hartmann (Abh. 490 f.). Nur im Dat. Sg. ist *schar* 1229 belegt.

Die Bildung des Plurals starker Neutra erfolgt stets ohne das Suffix *-er*: *kleit* (A. Pl.) : *arbeit* 317; *kint* (N. A. Pl.) : *sint* 31 135 327 445 541 755 841, : *nimt* 575, *kinden* : *vinden* 419 501; *swert* (N. Pl.) : *wert* (dauert) 219; *wîp* (A. Pl.) : *lîp* (A. Sg.) 697 1551, *wîben* : *belîben* 1053; *lant* (A. Pl.) : *sant* (apokop. 3. Prät.) 83, : *hant* 209 369 987 1033, : *bekant(er-)* 953 1307 1573, *landen* (Dat. Pl.) : *erkanden* 19; *wort* (A. Pl.): *hort* (Schatz) 309.

Für *man* sind ausschließlich flexionslose Formen belegt: *man* (Dat. Sg.) : *kam* 109; *man* (N. A. Pl.) : *kan* 703, : *an* 749, : *hân* 1335, : *getân* 1507 1585; *dienstman* (Dat. Pl.) : *an* 1069.

Für alle Feminina der *i*-Stämme sind, soweit sie im Reim erscheinen, in den obliquen Kasus unflektierte, eventuell umlautlose Formen sicher belegt.

So wird *-heit*, *-keit* (sowie *arbeit*) im Gen. Dat. entweder mit sicherem *-eit* gebunden[1]) oder ist durch das Metrum gesichert[2]) (vgl. Teil III § 3 Vorbemerkung).

Bei denen auf *-schaft* kommen ebenfalls ausschließlich unflektierte, umlautlose Formen des Singular vor, denn die Gen. Dat. reimen nie in sich, sondern, wo sie sich einstellen, stets auf Nom. Akk. (769 887 955 1019 1493 1517).

Sodann sind, wie schon hervorgehoben, unflektierte Formen für alle hierher gehörigen und im B.d.R. im Reim überhaupt vorkommenden Feminina belegt:

art (D.) : *wart* (3. Prät.) 57 123, : *hôchvart* (N.) 1483;
vart (D.) : *hart* (Adv.) 1353 1397;
hôchvart (G. D.) : *wart* (3. Prät.) 289 1491;
stat (D.) : *hât* 199;
hant (D.) : *lant* (A. Pl.) 209 369 (*sâ ze hant* : *lant* [A. Pl.] 987), : *gemant* 225, : *gesant* 995;
diet (D.) : *riet* (3. Sg. Ind.) 1197 1351;
vrist (D.) : *ist* 1289 1509;
zît (D. Sg., A. Pl.) : *gît* (3. Sg.) 471 1029 1079 1415 1463 1467;
nôt (D.) : *brôt* (A.) 1471, : *tôt* (Adj.) 1545;
genuht (D.) : *vruht* (A.) 127;
gluot (D.) : *behuot* (Part.) 589;

Ein *tugent* : *jugent* fehlt. —

Sehr häufig ist das Endungs-*e* abgefallen nach langem Vokal oder Doppelkonsonanz: z. B.

ungebâr (D.) : *war(nement w.)* 1611;
êr (A. Sg.) : *hêr* 939 (vgl. das unter b Gesagte);
wihtelîn (D.) : *wîn* (A. Sg.) 509;
lôn (D.) : *trôn* (A. Sg.) 753, *trôn* (D.) : *lôn* (N. Sg.) 1419.
louf (D.) : *vürkouf* (A. Sg.) 583;
muot (D.) : *getuot* (2. Pl.) 777;

---

[1]) 11 27 221 361 411 533 875 1005 1047 1061 1215 1247 1261 1337 1445 1453 1479 1505.

[2]) 69 493 503 513 751 801 831 943 1175 1235 1277 1279.

buoz (D.) : *muoz* (Ind.) 925 usw. —
swert (D.) : *begert* (3. Sg. Präs.) 1011;
min (A. Sg.)[1]) : *in* (eum) 1015;
list (D.) : *ist* 1285;
zorn (D.) : *verlorn* (Part.) 1103;
stunt (D.) : *munt* (A. Sg.) 407;
aht (D.) : *maht* (2. Sg.) 1001, : *vollebrâht* 855. —

Das auf eine kurze Silbe folgende Flexions-*e* scheint außer nach den Liquiden nach *t* abgefallen zu sein, denn es werden die Dative *got, spot, gebot* mit den Akkusativen *got, spot* gebunden 561 1115 1159 1577 (also ist wohl auch 1617 *got* (D.) : *gebot* zu lesen). —

Mitteldeutsche Abweichungen in bezug auf das Geschlecht sind nicht wahrzunehmen. Wohin *wîsât* 1459 sowie *undertân* 325 415 gehört, ist durch den Reim nicht zu entscheiden. *undertân* kann entweder durch Apokope oder durch Synkope entstanden sein, so daß es in jenem Fall starkes, in diesem schwaches Maskulinum wäre. Gegenüber dem normalen schwachen Gebrauch von *gebûre* ist es in unserm Gedicht stark flektiert: *gebûr* (G. Pl.) : *sûr* 1439.

Für nicht belegtes *ungebærde* findet sich 1611 das bequemere *ungebâr*, ferner 1459 *wîsât*. Die aus dem Lateinischen entlehnten Feminina erscheinen mit auslautendem *î*, nicht *îe*: jedenfalls wegen der leichteren Reimbarkeit.

Zu den häufigen biblischen Eigennamen ist zu bemerken, daß 67 *Abraham* (D.) : *kam*, 661 *Krist* (D.) : *ist*, 89 *Noê* (D.) : *Matusalê* (N.) reimt (Zw. 44, 10 ff.).

b) Adjektivum.

Was die bei den *-jo*-Stämmen vorkommenden Doppelformen anbetrifft, so ist ein unflektiertes *rîche* nicht belegt.

Mit Karajan 939 *vürste hêr* (Vok.) : *êr* (A. Sg.) zu lesen

[1]) Selbstverständlich ist *mein* eine Flüchtigkeit des Schreibers von A, der sich dazu durch die Formelhaftigkeit des *triuwe mîn* verleiten ließ. Die Stelle gibt einzig und allein Sinn, wenn man sie als eine in milde Form gekleidete Ermahnung auffaßt und übersetzt: „habe Liebe in bezug auf dein Pflichtverhältnis“ *(triuwe)*, d. h. „komm deiner Pflicht, den Papst zu unterstützen, gewissenhaft nach“.

erscheint durchaus angebracht, da sonst vierhebig klingende Verse, die im B. d. R. nicht ein einziges Mal sicher bezeugt sind (vgl. Teil III § 3 C b), entständen, Apokope des nominalen Flexions-*e* in unserem Gedicht aber, wie wir bereits Gelegenheit (S. 21 ff.) hatten zu beobachten und besonders bei Behandlung der Metrik noch sehen werden, ungemein häufig ist.

Gegenüber hauptsächlich mitteldeutschem *hart* ist *herte* (*: gerte* N.) 111 belegt, neben

gæhe (: spæhe) 1591 *gâch* 1241 1513;

offenbâr (: gar) 649, aber *nutzebære (: wære)* 849;

neben *bereite bereit* (*: phaffheit* A.) 951.

gar wird niemals — wie fast ausschließlich von Gottfried — prädikativ als reines Adjektiv gebraucht, selbst nicht einmal attributiv, dem Substantiv nachgestellt wie von Hartmann, so daß unser Gedicht auch hierin Wolfram sich nähert (Abh. 166 f.).

Die Nebenform *gir* an Stelle von *ger* findet sich nicht.

c) Adverbium.

Neben den außer andern Dichtern auch vielen bair.-östr. Autoren eigenen Adverbialendungen *-lîche* (z. B. *entwîche* [3. Konj.] *: zornlîche* 1219) und *-lîchen* (z. B. *gelîchen* [Inf.] *: sicherlîchen* 1195) hat sowohl *-lich* (z. B. *kurzlich : mich* 1283) wie *-lîch* (z. B. *kurzlîch* [präd. Adj.] *: vlîzeclîch* [Adv.] 1647) der Neigung des B. d. R. zur Apokope entsprechend Geltung (Zw. 45, 88, 95).

Da *rîch* in der Formel *arm noch rîch* 237 einsilbig anzusetzen sein wird, ist Abfall des adverbialen *e* auch für *gelîch* wahrscheinlich. Ein **gelîchen* ist natürlich nicht bezeugt (Beitr. 28, 447).

Das alem.-fränk. *garwe* fehlt. Gottfrieds *gâr* kommt 649 *gar : offenbâr* nicht in Betracht, denn in unserem Gedicht werden sonst keineswegs wie bei ihm und den Alemannen und Franken die Quantitäten des *a* geschieden (Zw. 44, 1 ff.; vgl. auch S. 7 f.).

Die Wolfram fremde, bei Hartmann übliche und leicht zu bindende Form *mê* zeigt sich nie (Abh. 130 f.).

Außer dem temporalen *her nâch* 1513 ist keine andere

Form bezeugt, obschon besonders für Hartmanns *nâ* kein Mangel an Kuppelworten besteht (Abh. 165 Anm.).

Daß weder ein *sâ* noch ein *sân* (nur *sâ ze hant* 987) sowie kein *sît, sint, sider* belegt ist, kann wenigstens bis auf *sider* bei den günstigen Reimverhältnissen kaum anders erklärt werden, als daß diese Adverbia eben schon veraltet waren (Abh. 439 ff., 478; Zw. 45, 96 ff.; Ehrismann AfdA. 26, 48 ff.).

nû (nu) wird mit *dû (du)* 1393 1401 gebunden, niemals etwa mit *zuo, ruo, vruo* (41 707 1481), wie es bei Baiern und Alemannen vorkommt.

Fränkisch-niederalemannisches *dane* und *hine* sowie alemannisch-süd-rheinfränkisches *har* für *her* kennt das B. d. R. nicht, sondern nur *dan, her* (Zw. 44, 64 Anm. 1; Zw. 45, 24).

Zu *geren*, das V. 360 nicht ausgeschlossen ist, vgl. Teil III § 3 Ca Anmerkung.

d) Pronomen.

Pronomina — selbst mit schwachem vokalischen Anlaut — sind in verhältnismäßig großer Zahl belegt. So *ich, mir, mich; du* (*: nu*, also mit demselben Recht auch *dû*), *dich*; *ir* (N. Pl.); *in* (eum); aber keine Form für nhd. *sie* (also *sî*?); der D. Pl. lautet *iu* 299 455 1553 (vgl. Beitr. 28, 430).

mîn und *dîn* erscheint je 2 mal in prädikativer Stellung, jenes sodann 12 mal, dieses 2 mal nachgestellt.

Von Demonstrativen ist *der, diu* (N. Fem.); ferner der Instrumental des Fragefürwortes *ze wiu* 299, schließlich einmal das indefinite *ieman (: getân)* 859 mit erhaltnem *a* bezeugt.

e) Zahlwort.

Das Zahlwort ist nur vertreten durch *driu* 455, *drite* 469 (vgl. S. 19); „tribus" zeigt sich im Reim nicht (s. S. 10).

§ 4. Konjugation.

a) Starkes Verbum.

Ein *schrei* oder ein bequemeres *schrê* war dem ganzen Inhalt nach bis auf eine Stelle, wo der Plural erforderlich ist, kaum zu erwarten.

began umschreibt einmal V. 118 in Verbindung mit dem Inf. *blüejen* den Aorist (Zw. 45, 29 Anm. 2), während es 1489 als selbständiges Verb gebraucht wird. An Reimmöglichkeiten fehlte es nun ja an und für sich weder für *began* noch für *begunde(n)*. Gleichwohl darf nicht übersehen werden, daß die Verhältnisse im Typus *-an, -ân* unvergleichlich günstiger liegen.

Derselbe Verdacht wie gegen *began* ist gegen *kam* zu schöpfen. Die *a*-Formen erscheinen zwar 4 mal im Reim (*: Abraham* 67, *: Adam* 59, *: man* (Dat.) 109, *: began* 117), in Vergleich zu alem.-fränk. Gedichten aber bei weitem nicht häufig genug: die schon einmal herangezogene Gute Frau weist auf doppeltem Umfange dreiundzwanzig *kam, kœme, kâmen* auf (Abh. 466f., 500ff.; Zw. 44, 87)! —

Ein durchaus zwingender Grund für das von Karajan gesetzte und von Weinhold (Mhd. Gram. § 371) sowie Jänicke (ZfdA. 16, 477) anerkannte *e* in der 2. Imp. Sg. *riche : stiche* 1003 besteht nicht.

Zu dem bair.-östr. Part. *gephleit* vgl. S. 13.

Synkope in *vint* aus *vindet* und *bet* aus *betet* (2. Pl. Imp.) wird bezeugt durch die Bindungen mit *sint* (3. Pl.) 251, mit *nimt* 971, mit *tet* (3. Sg.) 1465.

Die 3. Pl. Präs. Ind. wird geschieden von der entsprechenden Konjunktivform: z. B. *singent : twingent* 449, aber *vergezzen* (3. Konj. Pl.) *: vermezzen* (Part.) 845.

b) Reduplizierendes Verbum.

Die Gründe, welche dafür zu sprechen scheinen, daß *enphân* 74 jedenfalls nicht als mitteldeutsch kontrahierte, sondern oberdeutsch gutturallose Form anzusehen ist, sind S. 19f. dargelegt. Einem aus dem einmaligen Vorkommen hervorgehenden Einwande ist entgegenzuhalten, daß dem ganzen Inhalt unseres Gedichtes nach wohl kaum Gelegenheit, geschweige ein Bedürfnis wie etwa im höfischen Epos vorhanden war, Worte dieses Stammes häufiger zu benutzen. *hiengen : giengen* 663 ist nicht zu verwerten. —

Ohne daß wie bei Hartmann, Gottfried, Wolfram ein Bedeutungsunterschied zugrunde liegt (Abh. 158), findet sich neben zweimaligem *lân* (Inf.) 1377 1407 ein *lâzen* (Inf.) 1253, das offenbar im Banne des ersten Reimwortes *mâzen* (Inf.) steht. Ein *lie* ist ebensowenig bezeugt wie ein *liez*, das etwa mit dem nur untereinander reimenden *widerdriez* und *geniez* (1511) hätte gebunden werden können (vgl. S. 20 o.). —

Die zweite schwierige Frage, ob bei den in Betracht kommenden Verben *â* oder *ê* anzusetzen sei, wird — und der Meinung scheint auch Karajan zu sein — dahin zu beantworten sein, daß der Mundart unsers Dichters die den Baiern und Ostfranken eigenen *ê*-Formen gemäß sind. 5 Reimen von *gân* (Inf.) *: hân* 267 973, *: kan* 687, *: man* 765, *: an* 737 und einem von *gât* (3. Sg.) *: hât* (3. Sg. Präs.) 877 stehen 6 von *(be-, ge-)stêt* (3. Sg., 2. Pl.) *: (be-)gêt* (3. Sg., 2. Pl.)[1]) und einer von *gên* (Inf.) *: gestên* (Inf.) 983 gegenüber. Wenn unser Dichter *gân*, *gât* und *stân*, *stât* wie die Alemannen und mit wenigen Ausnahmen die Franken sprach (vgl. Abh. 467 f.; Zw. 45, 67), was hätte ihn veranlassen sollen, angesichts der außerordentlich günstigen Verhältnisse in dem Typus *-an*, *-ân*, *-ât* sich eine so unbequeme, jedes Grundes aber entbehrende Beschränkung in einer relativ so hohen Zahl von Fällen, die doch jeden Zufall ausschließt, aufzuerlegen? Baiern aber und einige Franken (z. B. Wolfram) mußten, „um diese unentbehrlichen Verba nicht immer nur wieder mit sich selbst zu binden, zu den für ihre Mundart gewiß nur entlehnten, literarischen *â*-Formen ihre Zuflucht zu nehmen" (Zw. 44, 269).

Vom Konjunktiv ist die 3. Sg. 397 als *stê : wê* bezeugt.

Partizipia fehlen im Reim.

loufent (3. Pl.) *: roufent* (2. Pl.) 525 muß nicht unbedingt alemannisch sein (vgl. Bair. Gram. § 284).

Geschwunden ist ein Flexions-*e* in *rât* (1. Sg., 2. Pl.) 49 161 (*: hât* 3. Sg. Präs.), in *misserât* (3. Sg.) *: sât* 211 sowie in *rœt* (aus *rœtet*) *: stœt* 1447 (vgl. S. 15).

c) Schwaches Verbum.

gezalt (Part.) wird 965 mit *gewalt* (Akk.) gebunden, dem ein Präs. *zellen* entspräche, so daß man 1087 eigentlich *wellet*

[1]) 345 767 839 1055 1065 1067.

(vultis) *: zellet* und 293 *erwellet* (erwählt) *: gezellet* zu lesen hätte. In beiden Fällen enständen dann vierhebig klingende Verse, die im B. d. R. nirgends als sicher bezeugt gelten können (vgl. Teil III § 3Cb)! Ein **erwalt* zu *erwellen* aber gibt es nicht. Nach Art „oberdeutscher Dichter geringeren Kunstgrades" (Mhd. Gram. § 384) reimt das apokopierte Prät. *sant : lant* (A. Pl.) 83; das Part. *gesant : hant* 995. Sodann ist bezeugt *erkanden : landen* 19, *(be-)erkant : brant* (N.) 1239, *: hant* 1501, *: lant* 1307 1573, *: gemant* 1627 sowie in sich 3 mal *unerkant : genant* 29 1135 1549. Trotz dieser Belege für die kürzeren Formen wäre nicht ausgeschlossen, daß die längeren in der Mundart des Verfassers üblich gewesen wären, da die Reimmöglichkeiten sich hier bedeutend ungünstiger stellten.

Synkopiertes *e* findet sich in *bet* (aus *betet*) *: tet* (3. Sg.) 1465; *gestift* (aus *gestiftet*) *: vergift* (N. Sg.) 1075; *getiht (getihtet) : übersiht* (3. Sg.) 1; *bereit (bereitet) : arbeit* 1479; *behuot (behuotet) : gluot* (Dat.) 589. Ähnlich verfährt außer einigen Alemannen Wirnt, nicht Wolfram (Zw. 44, 86 Anm.; Abh. 485).

Apokope liegt 463 *wolnust : gelust* vor (vgl. S. 15), ebenso in dem soeben erwähnten *sant* (3. Prät.) *: lant* (A. Pl.) 83.

V. 1021 reimt *enmahte* (fecit) *: trahte* (3. Sg. Präs. Konj.) (vgl. S. 20).

d) Präteritopräsentia.

Das Prät. zu *wizzen* findet sich nicht im Reim, obgleich es an Worten im Typus *-este, -iste* nicht mangelt. Es würde dies auf nur unter ganz besonderen Umständen und dann doch bloß vereinzelt zu bindende *wesse, wisse* hindeuten, die im allgemeinen Alemannen, Rhein- und Südfranken fremd, dagegen z. B. Wolframs, Wirnts Formen sind (Zw. 45, 95 ff.; Abh. 444 u. 448; Beitr. 28, 432).

An letzter Stelle wird zugleich auf einen gewissen Parallelismus im Gebrauch von *muose* mit *wisse* vorsichtig hingewiesen, von dem sonst für die 1., 3. Sg. *muoz* und als 1. Pl. *müezen* im Reim belegt ist.

Neben häufigem *mac* erscheint die 2. Sg. *maht (: aht)* 1001 (nicht bei Wolfram, vgl. Beitr. 28, 429) und die 3. Sg. Konj. zu namentlich bair. *megen mähte (: geslähte)* 137 (vgl. Mhd. E. B. § 222, Anm. 4).

solt 1295 ist 2. Pl. Präs., als 2. Sg. fehlt es wohl zufällig im Reim. Das Prät. ist abgesehen von *solte* (vgl. S. 18) vertreten durch *soltet* 553 669 und *solten* 355.

e) Einzelne Verba.

sîn, wesen.

Als Infinitiv wird im Reim ausschließlich und sehr oft das bequeme *sîn* verwandt.

Vom Präs. ist bezeugt: im Ind. *bin, bist, ist,* (*wir sîn* fehlt auffallenderweise: galt etwa bair. *birn?* Vgl. Mhd. E. B. § 223 Anm. 3); 3. Pl. *sint.*

Eínmal findet sich die 2. Pl. und zwar scheinbar in der alem.-fränk. Form *ir sint* 541: im ursprünglichen Text wird vermutlich das durchaus und ausschließlich bair.-östr. *ir bint* (vgl. a. a. O. § 223, 3 Anm. 3) gestanden haben, das selbst die beiden bair.-östr. Schreiber, deren Tätigkeit doch in den Beginn des 15. Jahrhunderts fällt, kaum noch gekannt haben werden, *ir bint* für das ihnen schon (Bair. Gram. § 296) geläufige *ir sint* (oder vielmehr *ir seint*) verschrieben hielten und im guten Glauben dieses für jenes einsetzten. Wesentlich gestützt wird diese Auffassung entschieden durch das soeben vermerkte auffällige Fehlen des bequemen *wir sîn.* Außerdem wäre *ir sint* das einzig Unbairische in den 1656 Reimen, was ohnehin zu denken geben würde!

Im Konj. ist öfter bezeugt die 3. Sg. *sî, ir sît* 425, 3. Pl. *sîn* 623.

Hätte das Part. *gesîn* nach alem.(-md.) Art gelautet, so würde sich der Verfasser diese überaus günstige Gelegenheit es zu verwenden gewiß nicht haben entgehen lassen: bezeichnenderweise gebraucht er das viel schwerer zu bindende *gewesen* 263.

wellen.

Ungefähr gleich oft findet sich *wil* als 1. u. 3. Sg., die 2. Sg. eínmal historisch richtig als *du wil : vil* 1403 wie etwa bei Wirnt (Beitr. 28, 429), die 2. Pl. zeigt sich allein in dem Reime *ir wellet : ir zellet* (vgl. das zu den schw. Verbum Gesagte).

In der 1. Prät. wird das *e* abgeworfen: *ich wolt : ir solt*

1295. Außer *wolte* (3. Prät.) ist *woltet* und *wolten* (3. Pl.) belegt (vgl. S. 18).

tuon, hân.

Für das Präs. ist nur die 3. Sg. u. 2. Pl. *tuot* bezeugt; die 3. Prät. lautet *tet* (: *bet* [2. Pl.]) 1465 (Abh. 491 Anm. 3, 495), das z. B. Hartmann, Gottfried, Ulr. v. Türh. fremd ist (Abh. 495; Zw. 44, 103ff.). Wie bei Wirnt etwa kann in diesem Falle Apokope vorliegen, da unser Autor nicht scheut das *e* nach dem *t* kurzer Stämme abzuwerfen (s. o. S. 23).

Gegen *tâten : hâten* 659 ist an und für sich nichts einzuwenden. Immerhin muß es auffallen, daß diese ungleich leichter als die außerdem in Betracht kommenden *tæten, teten* zu reimenden Formen in sich und nur an dieser Stelle gebunden werden (Abh. 491ff.; Zw. 44, 101ff.).

hân als Inf. und 1. Sg. ist häufig belegt, ebenso *hât* als 3. Sg. (über die Quantität des *a* s. S. 8); *ir habt* 399; *habe* als 3. Konj. erscheint zweimal 1169 1455.

C. HEIMAT.

Daß die Reime des B. d. R. relativ „rein“ sind, hat mit Recht schon Karajan in der Einleitung zu seiner Ausgabe (ZfdA. 2, 14) hervorgehoben, und mehr ein auf reicher Erfahrung beruhendes, instinktives Gefühl hat den verdienten Mann dahin geführt, den Verfasser des Gedichts unter den Baiern, zu denen er natürlich noch Wolfram rechnet, zu suchen, als wirkliche Gründe.

Dieser Ansicht haben im Prinzip, um nur einige Namen zu nennen, W. Wackernagel (Deutsche Lit. Gesch.[2] Band I, S. 356: Verfasser möglicherweise aus Steiermark), W. Scherer (Lit. Zentr.-Blatt 1868, Sp. 978), H. Fischer (Fischer S. 65) und in neuester Zeit K. Zwierzina (Zw. 44, 274; Zw. 45, 409: aus dem bairischen Teil des Winkels, wo das Alem., Fränk., Bair. zusammenstößt) beigestimmt. Nicht hingegen O. Jänicke (ZfdA. 16, 476ff.), der unser Gedicht einem Alemannen zuschreiben will, und von in Betracht kommenden Literarhistorikern folgt ihm allein W. Golther (Deutsche National-Literatur Bd. 163, 1, S. 291).

Da Anspielungen lokaler oder sonstiger Natur wie in vielen mhd. Dichtungen im B. d. R. fehlen, kommen für eine Bestimmung der Herkunft ausschließlich sprachliche Kriterien in Betracht, die aber, soweit sie aus dem Versinnern stammen, im Gegensatze zu Jänicke (der auf diese Art von Kriterien in Wirklichkeit mehr Gewicht legt, als er selbst zugibt) für diese Zwecke entschieden von vornherein abzulehnen sind, da hier stets mit Eingriffen örtlich und zeitlich dem Autor fernstehender Schreiber gerechnet werden muß.

Zu den „sichern Zeichen" zählt Jänicke nun den Abfall des *t* in *geislîch* sowie die Reime *mahte* (fecit) *: trahte* 1021 und *commendür : tür* 517.

Nach den vorangegangenen Ausführungen (s. S. 19 u. 20) würde allein das dritte bestehen bleiben, gegen das sich doch aber sehr starke Bedenken geltend machen, da hier ein Fremdwort im Spiele ist, dessen lautliche Verhältnisse immerhin singulär sein können und den in heimischen Worten wirksamen Lautgesetzen nicht so ohne weiteres in jedem einzelnen Falle unterworfen zu sein brauchen. Daß man darauf jedenfalls nie und nimmer eine Lokalisation gründen kann, versteht sich von selbst[1]).

Die für einen Alemannen im weitesten Sinne (also auch Ostschwaben), selbst für einen Süd- und Rheinfranken geradezu „unerhörten", massenhaften Bindungen von *a : â;* die Behandlung der kurzen *e*-Laute im Reim; die nicht nur auf bestimmte Fälle beschränkten und ohne Bedenken verwandten Kontraktionen von *ade, age* zu *ei* sowie deren selbst in unserem kurzen Gedichte deutlich erkennbare Scheidung von *ei* aus *ede, ege* und Bindungsfähigkeit mit altem *ei:* all diese großen, überaus wichtigen Erscheinungen sind, mögen einzelne äußerste Grenzgebiete der westlichen Mundarten auch an diesem oder jenem einigen Anteil haben, in ihrer Gesamtheit doch spezifisch bairisch[2]).

---

[1]) Schon H. Fischer, der ausgezeichnete Kenner des Alemannischen, hielt Jänickes selbst aus den Reimen hergenommene Gründe keineswegs für zwingend (vgl. Fischer S. 65)!

[2]) Nicht unerwähnt lassen möchte ich zwei weitere Punkte. Der Wortschatz eines mhd. Gedichtes hat m. E. für die Bestimmung seiner

Wenn man die Reime von *ê : ë* oder *ê : è* nicht wie z. B. bei Seifried für unrein hält, wozu meiner Ansicht nach bei der sonst in unserem Gedichte beachteten Sorgfalt kein Anlaß vorliegt, so bietet eine gewisse Unsicherheit in der qualitativen Bewertung des *ê,* wie sie dem B. d. R. eigen zu sein scheint, vielleicht einen Anhaltspunkt zu näherer Lokalisation. Nach Zwierzina kommen derartige Schwankungen im Grenzgebiet zwischen offnem (Baiern-Ostschwaben) und geschloßnem (Alem.-Franken) Gebiet als auch in Nordbaiern vor (Zw. 45, 409 ff.). Wegen der unzähligen Bindungen von *a : â* könnte auf keinen Fall das Grenzgebiet von Baiern-Ostschwaben gegen Alem. in Betracht kommen, so daß nur die Wahl zwischen Nordbaiern und seiner Grenze gegen Franken bliebe. Während Zwierzina — bestimmt durch die Behandlung des *ê* — geneigt ist, die Heimat unseres Gedichtes in jenem Winkel, wo das Bair., Fränk., Alem. zusammenstößt, zu suchen, scheint mir das Buch der Rügen doch etwas nordöstlicher entstanden zu sein, da, wenn man Einzelheiten heranzieht, allein jenes *mahte* (fecit) mehr süd- als ostfränkisch ist, hingegen Berührungspunkte mit Wolfram und Wirnt öfter begegneten.

Heimat keinen selbständigen Wert, da er in literarisch so produktiver Zeit unberechenbaren Wechselwirkungen unterliegen kann. Weist er, wie es nach den uns zu Gebote stehenden Hilfsmitteln im B. d. R. den Anschein hat (vgl. Karajans Anmerkungen), auf die gleiche Mundart hin wie die sprachlichen Kriterien, so bietet er eine willkommne Stütze.— Und weiter: angenommen, ein Gedicht wäre auf alemannischem oder fränkischem Gebiete entstanden, müßte es da nicht ein merkwürdiger Zufall gefügt haben, daß die beiden uns von seiner Überlieferung bekannten Handschriften gerade übereinstimmend bair.-östr. sind?

III. METRIK.

§ 1. SPRACHLICHE BEHANDLUNG UNBETONTER SILBEN.

Wilmanns sagt in der Einleitung seiner Waltherausgabe² (S. 20): „Die Normalgestalt der Worte zeigt sich da, wo sie in Pausa stehen, im Reim; im Innern des Verses, im Zusammenhang der Rede, kommt nicht jeder einzelne Laut zu voller Entfaltung; Elision und Synaloephe, Synkope und Apokope finden statt". Wenn wir nun bei der Untersuchung der Reime Gelegenheit hatten, schon hier eine im Verhältnis zum Umfange unseres Gedichtes recht ausgeprägte Neigung zur Apokope und Synkope zum Teil schwererer Art besonders bei der nominalen und verbalen Flexion wahrzunehmen, so ist es, zumal bei einem späteren Oberdeutschen, durchaus berechtigt, derartige Erscheinungen auch für das Innere des Verses, soweit rhythmische Verhältnisse es erfordern, in Anspruch zu nehmen. Kurz möge daher die Behandlung der unbetonten Silben im Versinnern besprochen werden.

a) Apokope

im Reim ist sowohl nach langer wie kurzer Silbe belegt. Ich kann mich hier mit einem Hinweis auf die vielen bei Besprechung der Flexion im vorigen Teile aufgezählten Beispiele begnügen.

Im Versinnern wird durch Apokope nach langer Hebungssilbe oft Einsilbigkeit der Senkung erzielt: z. B.

óftẹ ***ze*** 1232	*vástẹ* ***ze*** 1356
lī́htẹ ***sô*** 1591	*héllẹ* ***ze*** 1228
stǽtẹ ***ze*** 629	*strấfẹ,* ***swie*** 838

meínẹ ***die*** 655.

Nach kurzer Silbe kann stets Verschleifung vorliegen,

trotzdem wird in Fällen wie *an gót verzwî́felt* 1401, *vrídę durch* 953, *mügę geschéhen* 1165 ebenfalls das *e* ausgelassen worden sein.

Nicht apokopiert wird *unde* oft bei Aufzählungen und formelhaften Ausdrücken: z. B. *húor únde trúnkenheit* 637, *vroúwen únde mán* 750; ebensowenig *umbe* in Fällen wie *dar úmbe swérn* 1389.

b) Synkope

der Verbalendung *-et*, wie sie nicht wenige Reime bezeugen (s. o. S. 26 – 29), ist natürlich ungemein häufig, so daß wenige interessantere Beispiele genügen dürften: *áhtęt der* 633, *gehértęt mit* 1019, *hüetęt iuch* 1063, *vástęt und* 1463. — Sie dient V. 1464, wo *leistęt* im Auftakt steht, zur Erleichterung desselben. Karajan dürfte sie manchmal ohne Not vorgenommen haben: z. B. bei *móhtet ír* 1194, *snî́det dréschet* 1504, *díenen óder* 1521, *háltet íuwer* 1615 u. a. m.

Das *e* des Präfixes *ge-* wird 1125 *ír ze gnấ'den,* 324 *krísten gloúben,* 1655 *bǿ́ser gdánc*[1]) ausgestoßen sein; das von nominalen Endungen in Fällen wie *sämelî́chz enmáhte* 1021, *állz in* 1190, *lî́htę eins* 1312, *ích einęn* 1327 (vgl. *undertân* [A. Pl.] : *an* 325), *kíufelǽrn alsṓ* 1343, *íuwerr bṓsheit* 807, *sündærs tṓt* 825.

Mit Synkope im Fremdwort endlich ist vielleicht V. 408:

dúrch des ḗwanglísten múnt

zu lesen, wenn man nicht *durch dés êwángelísten múnt* vorzieht (vgl. die auf S. 40 erwähnten ähnlichen Fälle). V. 75 ist *Ábram* anzunehmen.

Im übrigen sei auf den Abschnitt „Kontraktion" im vorigen Teile verwiesen. —

c) Elision und Hiatus.

Abwerfung eines auslautenden, unbetonten *e* vor Vokal im Anlaut findet sich natürlich häufig.

---

[1]) Oder etwa rhetorisches *„bœsér gedánc"*? Eine derartige Vernachlässigung des Wortakzents bei nicht zusammengesetzten Worten findet sich freilich meines Wissens im B. d. R. nicht (vgl. S. 37).

Von der Hebung zur Senkung z. B.:

willę ervóllet 44	*sê'lę und* 1333
sáchę erbármet 1541	*nénnę ich* 1553
nützę und 1647	*móhtę ich* 532

hœ́rę ich 196;

sodann von der Senkung zur Hebung im Auftakt *dannę ír* 1496 sowie im Versinnern *missehéllungę úmbe* 978, *hérre zę Ábram* 75 usw.

Einige Male steht ein zweisilbiges Wort mit langer Wurzelsilbe und folgendem tonlosen *e*, das durch Elision beseitigt wird, in der Senkung: also etwa im Auftakt *wœrę íuwer* 538, *woltę áber* 983; im Innern *dáz wœrę állez* 285, *dáz râtę ích* 982, *gólt ânę árbeit* 318, niemals aber ein Substantiv. —

Indes nicht immer läßt sich Elision anwenden:

Hiatus ist — besonders im ersten Teil — in weitem Umfange anzunehmen: z. B.

zúo erwéllet 193	*íu ein* 505
wê' im 215	*íu iht* 1260
híe ûf 476	*sî' ein* 1421;

vor der Hebung im Auftakt *swie úngelêrt* 9, sodann

brâ'ht sô édel 127	*án iu íst* (Versschluß) 681
wirt iu állez 367	*kán iu ímmer* 1210

álle órden 548 usw.

Ebenso liegt offenbar nicht selten Hiatus vor, wo durch Vornahme von schwierigeren Verschmelzungen oder Elision eventuell Fehlen der Senkung ohne Grund (s. S. 42ff.) herbeigeführt würde: z. B.

úns zuo áller 55	*sô' du áller* 1002
díu im 61	*sús zuo áller* 1080
gê't zuo ím 170	*hábe árcwân* 653
bî' ir 361	*líebe únd* 826
heízt sie oúch 585	*stéte únde* 1033.

In andern Fällen kann man wohl schwanken, ob Verschleifung auf der Hebung und Hiatus oder Elision vorliegt: z. B. *lúge und* 186, *réde ein* 267, *vor góte enwíht* 656 u. a. m.

d) Verschmelzungen.

Bestimmte Pronomina wie: *es, ez, sie, des* lehnen sich gern an andere Fürwörter, Konjunktionen, Verbalformen an: *mán inz níht* 560, *dáz imz níht* 578, *dáz irz nímmer* 778, *sól erz gérne* 1170, *lâ't iuchs níht* 1462, *síez niht* 1570, *máns geschríben* 252, *dâ' manz állez* 331 1234, *swiez* 480 im Auftakt, *híetenz* 1578.

Der Artikel geht eine Verbindung ein mit Präpositionen *gê't inz* 621, *ín anz* 664, *víel zem* 284, *sprécht zen* 797, *zeínem* 1250.

Ferner tritt Verschleifung des *ze* mit Formen von *al* wie *záller zî't* 607 ein und schließlich mit den verbalen Präfixen *en-, er-: gúotèn zerlǽsen* 201, *gót zerkénnen* 1468; im Auftakt *zenphâ'hen* 1582.

Die Negationspartikel *-en* wird gern an ein *ir* angehängt: so im Auftakt *irn rúochet* 315, *irn dürft* 1094.

daz dürfte 470, *ez* im Auftakt 1344 und in der Senkung 1385 mit *ist* verschmolzen sein.

Synaloephe anzunehmen ist niemals erforderlich.

§ 2. BETONUNG.

a) Nicht zusammengesetzte Worte.

In zweisilbigen Worten mit durch Position oder von Natur langer Wurzelsilbe trägt die folgende nicht selten einen Nebenton (zu *scherære, kómèn* vgl. S. 46), dessen Senkung dann stets tonschwache Silben wie Präfixe und Präpositionen, Konjunktionen, Fürwörter und Ähnliches bilden.

Dreisilbige, zu denen hier natürlich nicht die mit Präfixen versehenen, zur vorangehenden Gruppe gehörenden (wie *gewínnen*) gerechnet werden, tragen einige Male bei langer Stammsilbe einen Nebenton auf der zweiten, durch Position langen Silbe; ist diese hingegen kurz, so erhält die letzte den Ton: *júngìsten* 130 1023, *ándèrre* 639, *éllènder* 961 (vgl. auch das Fremdwort *cónvèrsen* 557), hingegen *túgendèn verkê'rt* 1072.

b) Zusammengesetzte Worte.

Bei zwei Kompositionsgliedern tragen, wie es den normalen Betonungsverhältnissen durchaus entspricht, im allgemeinen beide Wurzelsilben einen Ton. Falls eine die Senkung füllende Zwischensilbe fehlt, treten bisweilen die zweiten Kompositionsglieder — besonders *-heit, -lich* — in die Senkung: z. B. *smâ'cheit* 491, *bô'sheit* 614, *veícheit* 1120, *íeglich geístlich* 457, *bœ'slich* 1251, *wœ'rlich* 1342, *hô'chvart* 293, *vürkouf* 1276 usw.

Die aus mehreren Kompositionsgliedern zusammengesetzten Worte tragen höchstens drei Hebungen: so *drî'vàltekeìt* 69, *únbescheídenheìt* 186, *únwírdeclî'ch* 631, *únkíuschekeìt* 775, *réphüenelî'n* 881. Zu beachten ist, daß sie alle nachdrücklich hervorgehoben werden sollen und im Reim stehen.

Tonversetzung beschränkt sich auf Worte, die aus mindestens zwei Kompositionsgliedern bestehen, und liegt vor — wie häufig — in *alsô'* (z. B. V. 1 1654, besonders häufig im Reim), *niwán* 801 942 (vgl. 908), *iemán* (z. B. 1169 1316); dann — ebenfalls auch sonst durchaus üblich — oft bei mit *un-* zusammengesetzten Adjektiven und Adverbien: z. B. *unkíuscheclî'ch* 302, *unmâ'zen* 612, *unwírdeclî'ch* 666, *untúgentlî'ch* 910, *unmœ're* 1110, *únschuldìgez* 1359, *unschúldic* 1395; ferner bei mit *-œre* gebildeten Substantiven wie *kriuzœ're* 479, *schermǽre* 1131 (auch *schérmœ're* möglich!), *burgœ're* 1259; schließlich muß man V. 528 wohl — etwas auffallender als alle jene Fälle — *armbrúste* lesen.

Hervorgehoben muß werden, daß diese Tonversetzungen zumeist in einem den Versschluß bildenden Worte vorkommen.

c) Eigennamen und Fremdworte

hat der Dichter, obschon jene ausnahmslos der Bibel entstammen, verstanden, dem metrischen Rahmen einzufügen. In folgenden Fällen schwankt die Betonung:

Ábrahám 67 im Reim, im Innern *Ábram* 75 77.

Maríá 507 im Reim; dagegen im Innern *María* 141 und V. 1549 wahrscheinlich *Márįá* (vgl. z. B. den Ortsnamen St. Märgen bei Freiburg i. Br.).

Júdàs 1349 im Reim, im Innern 1346; *Júdas* 1371 im Innern.

Auffallen könnte nur *Amán* 100 im Reim.

337 wird *bischòven*, 557 *cónvèrsen*, 408 *ê'wanglisten* oder *êwángelisten* (s. o. S. 34), 402 *dê'kâ'n* (im Reim) betont.

d) Satzbetonung.

Verstöße liegen nicht gerade häufig vor. Betonungen etwa wie *lât ir* 335, *tuot ir* 556 827 1216, *v(er)lürt ir* 790, *got hâ't* 1404, *gebt iuwern* 1461, *leistęt dáz* 1464, *daz mán* 574 1538, *swâ mán* 1188, *die mán* 1506 entbehren aber einer inneren Berechtigung, da an keiner Stelle ein Grund zu besonders nachdrücklicher Hervorhebung der hier überall die erste Hebung bildenden Worte vorliegt. Sie gehören zu den „Drückungen“ am Verseingang, wie sie an dieser Stelle allenthalben angetroffen werden.

Zu der Akzentuierung am Versausgange *dáz got ê'rę* 940, *dáz rât ich* 982 (s. 1046) vgl. Kraus, Metrische Unters. über Reinbots Georg (Abh. d. Kgl. Ges. d. Wissensch. zu Göttingen N. F. Bd. VI, 1) S. 101 u. 173ff.

§ 3. VERS UND TAKT.

Die Zahl der Hebungen steht in engem Zusammenhange mit dem Versschluß, und die „Regel“ dreihebig klingend oder vierhebig stumpf ist im Buch der Rügen im allgemeinen beachtet. Die außerordentlich seltnen, später zu behandelnden Fälle, wo ein Vers diesem engen Rahmen widerstrebt, sind durchaus zu den Ausnahmen zu rechnen (vgl. S. 46ff.).

Auffallen müßte sonst, daß die sicher dreihebigen Verse niemals auf Worte wie *sagen*, *leben*, *jehen*, *lesen* ausgehen, die dagegen überaus häufig am Schluß vierhebiger Verse stehen.

Gegen vierhebig klingende Verse spricht nun aber außerdem entschieden die Tatsache, daß im Ausgange vierhebiger Verse stehende Worte, deren normale Gestalt – ⌣ wäre, überaus häufig und fast ausnahmlos mit solchen gereimt werden, die unbedingt stumpfe Versschlüsse bilden, und daß die wenigen Ausnahmen sich auf Worte mit *-heit(e)*, *-keit(e)*, *-lîche* als zweitem Kompositionsgliede beschränken, von denen *-heite*, *-keite* niemals, *-lîche* nur dreimal trotz seiner überaus günstigen Verwendbarkeit den Ausgang dreihebiger Verse bildet, weil in der Mundart des Dichters eben die *e*-losen Formen durchweg gebräuchlich waren (vgl. S. 22f.).

A. Auftakt.

Von den 1656 Versen des B. d. R. haben rund 53% Auftakt, und zwar findet er sich verhältnismäßig häufiger im dreihebig klingenden als im vierhebig stumpfen: von jenen haben ihn nicht ganz zwei Drittel der Gesamtzahl, von diesen nur etwa die Hälfte.

Einsilbigen Auftakt bilden im großen und ganzen Pronomina, Konjunktionen, Präfixe u. Ä., also Worte, die zumeist „unbetont" sind; dann gewisse Zeitwörter wie *habt*, *hât*; *lât*; *sîn*, *sint*; *sol*; *tuon*, *tuot*; *welt*, *wil*; *wirt*; *wis*; *sprecht*; *gebt*; von Substantiven steht in ihm nur *got (hérre)* 38, *got (wíl)* 945 und erste Silben von Fremdworten: *Gomórre* 78, *María* 141, *minister* 403.

Zwei- oder gar mehrsilbiger Auftakt kommt tatsächlich kaum vor.

Wo ein an und für sich zweisilbiges Wort im Auftakt steht, läßt sich meist mit Hilfe der auf S. 33ff. angeführten Mittel ohne großen Zwang eine einsilbige Form erzielen: so *swenn ír* 733 1309 1498; *irn* (in beiden Hss. nur *ir ruochet*[1]) 315 1094; *swiez* 480; *wær íuwer* 538; *dann ír* 1496; *zenphâ'hen* 1582; *leist* für *leistet* 1464; *êst* 1344; *gên* für *gegen* 1156.

Durchweg ist hier jedenfalls zu beachten, daß die erste Hebung dann gewichtiger ist.

Sicher stellt auch *verlürt (vlürt)* 790 in Wirklichkeit nur einsilbigen Auftakt dar.

Wollte man

V. 1135 *swer iuch schermære hât genant*

zweisilbigen Auftakt annehmen, so würde durch die recht schweren Eingangssenkungen das Gewicht des Wortes *scher-*

[1]) Da dieser Vers aber aus Freidank stammt und in dessen sämtlichen Hss. *en ruochet* steht, ist Karajan, dem dies Verhältnis nicht bekannt war, allein aus diesem Grunde schon im Recht, wenn er *en* hinzufügt. Vgl. Freidank ed. W. Grimm, Lesarten zu 153, 11.

mœre notwendig gedrückt werden. Deshalb ziehe ich *swér iuch schērmœrę* . . . oder *swer íuch schermǽre hấ't genánt* (vgl. V. 1131!) vor, da *schḗrmǽre* die gewöhnliche Betonung ist, bei so starker Hervorhebung aber eine ungewöhnliche angestrebt wird.

Schwanken kann man wohl

V. 1251 *daz ir bœslîche habt gelebt* :

daz ir ist entschieden ein leichterer Auftakt gegenüber dem eben erwähnten *swer iuch*, aber auch gegen *daz ír bœslî́che* . . . sowie gegen *dáz ir bǽslı̆ch hábt gelḗbt* (vgl. die durch den Reim gesicherten Adverbien auf *-lı̆ch* 269 395 1283 1589) wird sich kaum etwas einwenden lassen.

Gegenüber Karajans

V. 392 *daz ir niht ze stunde sît zerkloben* ,

den man mit doppeltem Auftakt oder, was nach den Ausführungen auf S. 50 ausgeschlossen ist, als fünftaktig ansehen müßte, lese ich mit Handschrift H

daz ír niht (Hs. *nit*) *sî́t ze stúnd*[1]) *zerklóben*

B. Das Innere des Verses.

a) Hebungen.

Was zur Hebungsfähigkeit zu bemerken war, findet sich in § 2.

Verschleifung auf der Hebung anzunehmen, wäre in etwa 30 Fällen möglich. Allein, da sie nur eínmal V. 1117 *aber von* als sicher anzusehen ist, könnte man ebensogut in allen übrigen Fällen ohne Zwang und, wie die Reime zeigten, mit gutem Recht durch die bei der Besprechung der Behandlung unbetonter Silben angeführten Mittel Einsilbigkeit erzielen: z. B. *mügt gesátten* 606, *mánger* 27 u. oft, *küngen* 1025; durch Zusammenziehung z. B. *múgens* (sic) 1567.

b) Senkungen.

1. Zweisilbig.

Zweisilbigkeit der Senkung ist rund 80 mal in unserem Gedicht möglich: von Verschleifung kann indes nur etwa

---

[1]) Vgl. *stunt* (Dat.) *: munt* (Akk.) 407, *: kunt* (unfl. Adj.) 55.

35 mal die Rede sein, nämlich allein da, wo beide Silben ein *e* enthalten und diese nicht durch positionsbildende Konsonanten oder Konsonantengruppen geschieden werden.

Unter den möglichen zweisilbigen Senkungen können gerade zwei als sicher bezeugt gelten: 548 *órden der*, 1219 *keiner entwî'che.* Dieses auffallende Verhältnis scheint mir ein deutlicher Hinweis — um nicht zu sagen: Beweis — dafür zu sein, daß in allen anderen Fällen die auf S. 33ff. besprochenen und, soweit das überhaupt möglich ist, auch durch häufiges Vorkommen im Reim wohlbegründeten Erscheinungen im Innern unseres Gedichtes Platz gegriffen haben. In keinem einzigen Falle wenigstens würde dadurch der Sprache Gewalt angetan, geschweige Worte verstümmelt werden.

Mag man also mit Verschleifung lesen *liute verschúlden* 176, *réhte behálten* 986, *állez erdâ'ht* 1286 usw., so wird, um einige Beispiele anzuführen,

Apokope anzuwenden sein

V. 284	*vielẹ zem*	814	*wérdẹ ze*
127	*brâ'htẹ sô*	742	*bœ́tẹ durch*
1591	*lî'htẹ sô*	838	*strâ'fẹ, swie*

516 *wü'rdẹ mit*;

Synkope in

V. 52	*verdíenẹn und*	1327	*ích einẹn*
1312	*lî'htẹ einẹs*	1190	*állẹz in*
633	*áhtẹt der*	1282	*wérdẹt ir*

1043 *hüetẹt der*;
324 *krísten gẹloúben.*

Verschmelzungen in

V. 679	*óft ir ẹz*	1234	*sô' man ẹz*
621	*gê't in (da)z*	1462	*lâ't iuch (de)s*;

Beispiele für Elision anzuführen erübrigt sich wohl.

Während sich die Verschleifung auf der Senkung fast gleichmäßig auf alle drei Takte verteilt, beschränkt sich die Anwendung der Apokope, Synkope und von Verschmelzungen auf die Senkungen der beiden ersten Takte: im dritten Takt ist nur einmal Apokope erforderlich V. 1228 *héllẹ ze.*

Am wenigsten „sorgfältig" in dieser Beziehung ist der

zweite Takt behandelt: hier finden sich auch nur jene beiden vorhin erwähnten, offenbar wirklich zweisilbigen Senkungen.

2. Fehlen der Senkung.

Senkungen fehlen in allen Takten unseres Gedichtes, aber nicht nach Willkür, sondern aus bestimmten Gründen. Ausfall der Senkung bedingen

formelhafte Ausdrücke sowie Aufzählungen. Im dritten Takt ist der Ausfall leicht erklärlicherweise allein im Verse (vgl. „Ausfall zweier Senkungen") nicht belegt, dagegen im

I. Takt:

z. B. V. 32 u. 327 *mán vroúwen únde kínt*
637 *húor únde trúnkenheít*
1586 *kínt vroúwen óder mán* ;

II. Takt:

z. B. V. 398 *iu werde ách únde wḗ*
1158 *ez sî líep óder leít*
1225 *vliehet náht únde tác*
1498 *swenn ir nâch schílt únde spér*
1624 *dâ von múoz únde sol*
1276 *vürkouf húor sî́monî* ;

die Betonungsverhältnisse gewisser Worte, die sich anders im Vers — im Innern wie im Reim — nicht unterbringen lassen würden. Wortbetonung ist so die Veranlassung im

I. Takt:

z. B. V. 365 *ze ḗrbærem dinge*
855 *mit tráhtùnge, in welher aht*
870 *von únklùsche sag ich niht*
1485 *hṓchvèrtic möhten sîn* ;

II. Takt:

z. B. V. 99 *von der û́zsètze Naaman*
881 *zehen réphüenelîn*
1217 *vrâgt die schíltknèhte*
1250 *zuo einem úrkùnde*
1488 *sô, mîn múlròssel, sô* ;

besonders aber im

III. Takt, wo ich an die vielen den Reim bequem bildenden Worte wie *bôsheit, geistlîch* u. ä. erinnere. Deshalb nur einige andere Beispiele:

V. 437 *weder grôziu hī́rā̂t*
522 *sô sprechet ir den tíschsègen*
721 *das iuwer wîter gī́tsàc*
1092 *den klœstern von ir ándā̂ht*
1287 *sprecht zen koúflìuten*
1493 *von keiner slahte gebū́rschàft* ;

Einflüsse des Satzakzents, der sich in doppelter Gestalt äußert:

Satzpausen, deren Fehlen im III. Takt nicht wunder nehmen kann, die aber auch in den beiden andern Takten naturgemäß nicht so oft den Anlaß bieten können, besonders nicht im

I. Takt:
z. B. V. 15 *hā́t dáz sie solten lêrn* ,
zweifelhafter schon:
745 *nû séht ób daz zîtlich ist*
785 *ir kleít dáz ir habt verlorn* u. a.,
dagegen häufiger sicher im

II. Takt. So
z. B. V. 497 *allen zórn, swā́ er mac*
532 *wolte gót, mö́ht ich daz*
644 *sô weiz ich níht wáz ez sî*
1350 *wesse níht wér der was* ;

aber auch weniger starke Satzpausen sind die Ursache; so
z. B. V. 71 *wie Sara stúont ín der tür*
843 *ret in zúo mílteclîch*
1346 *wan ir sī́t Júdas glîch*
1635 *diu herzen sī́n vrídelîch*

Ist in allen bisher genannten Fällen mehr oder weniger äußeren Verhältnissen Rechnung getragen, so kann das Auslassen von Senkungen auch absichtlich vorgenommen werden. Das Pausieren der Senkung bildet ein überaus wirksames Mittel, um bestimmten Worten und damit den mit ihnen verbundenen Vorstellungen den gewünschten Nachdruck zu verleihen, da der Leser gezwungen wird, länger, als es gewöhnlich üblich ist, bei ihnen zu verweilen, und so ein nachhaltenderer Eindruck erzielt werden wird. Dies zu erreichen wird in hohem Maße das Bestreben eines Dichters sein, der auf seine Leser einwirken, sie eindringlich mahnen und zur Umkehr bringen will, wie es eben das Ziel des Verfassers unseres Gedichtes ist. Er hat sich dieses Mittel keineswegs entgehen lassen, im Gegenteil es ungemein häufig angewandt.

Die Betonung eines in der Hebung stehenden gewichtigen einsilbigen Wortes erfährt so eine wesentliche Verstärkung, wenn das folgende wieder mit einer Hebung einsetzt, im

I. Takt:

z. B. V. 258 *sích dî́n gewizzen an*
290 *daz níe nóch gesehen wart*
476 *híe û́f der erden*
850 *gár nútzebœre*
1604 *nâch zúht únd nâch êren*
1643 *strố bî́ dem viure* ;

II. Takt:

z. B. V. 40 *mir dîn geíst sénden*
616 *wœnt ir gót tríegen*
996 *der got zweí* (Schwerter) *hất gesant*
1202 *daz ot daz gúot wǽre*
1362 *mich an den stríc hấhen*
1482 *dâ bring uns gót álle zuo*
1558 *und ir lóp stǽte mêrn* ;

III. Takt:

z. B. V. 250 *des müezen alle díe jéhen*
281 *dannoch müesen vól sî́n*
530 *dâ mit lât ir iu wól sî́n*
893 *ich vrumen vrouwen hólt bín*
1089 *dâ habt ir zuo deheín réht*
1242 *ist etelîchem víl gấch*
1476 *daz seit uns diu geschríft wól* .

Die gleiche Wirkung wird bei zweisilbigen Worten, die nachdrücklich hervorgehoben werden sollen, dadurch erzielt, daß die lange Wurzelsilbe volltaktig steht. Es fehlt dann die

I. Senkung:

z. B. V. 201 *die gúotèn zerlœsen*
275 *wœ́rèt gerihtet*
865 *ir hố chvàrt ist alsô vil*
989 *vrấgèn der mœre*
1160 *érnstlî́ch und niht in spot*
1590 *daz keínìu vergezze sich* ;

II. Senkung:

z. B. V. 1198 *diu nie niht gúotès geriet*
1393 *er gap in tíurrè dan dû́*
1547 *diu uns den heílànt gebar* ;

für das Fehlen der

III. Senkung verweise ich, da Worte von anderer Gestalt nicht in Betracht kommen, wieder auf die bequemen Reimworte wie *bôsheit, geistlîch* u. ä., wo es oft zweifelhaft bleibt, ob Wortbetonung oder Satzbetonung Ursache der fehlenden Senkung sind.

3. Fehlen zweier Senkungen.

Keineswegs selten fehlen nun auch zwei Senkungen in ein und demselben Vers: häufiger im I. und II. Takt als im II. und III. oder im I. und III., wenngleich diese Verbindungen jener nicht sehr nachstehen.

Es fehlen die Senkungen im

I. u. II. Takt:

z. B. V. 16 *zúht, únzùhte wern*
492 *hốchvàrt mî́den*
820 *gót báz ế rtet*
1189 *kélch búoch méssegewant*
1324 *ir grốzèn smérzen* ;

II. u. III. Takt:

z. B. V. 109 *wie ein wúrz û́f kám*
543 *ob ir báz geíslî́ch*
859 *ob in leít íemán*
1191 *bischof brốbst phárrœ̀r* ;

I. u. III. Takt:

z. B. V. 619 *lâ't iuwer bô'sheit*
1363 *mit únmùot er hín gienc*
1413 *den díup únd den schâ'chmàn* . —

Die gleichen Gründe wie beim Fehlen einer Senkung sind auch hier überall maßgebend. —

Selbst für V. 1278

nî't hâz vrâ'zheìt,

wo alle drei Senkungen fehlen, kommen wir mit ihnen gut aus. —

Neben der wichtigen Tatsache also, daß im B. d. R. nie Senkungen ohne die angeführten Gründe pausiert werden, muß auf eine weitere Einschränkung hingewiesen werden: die Senkung wird mit Ausnahme einsilbiger, auf einen Konsonanten ausgehender Worte nur nach langer Silbe ausgelassen. Ausnahmen von dieser Regel finden sich zwei:

V. 1137 *ir hiezt schérǽre vil baz*
759 *kómèn zuo aller zît* .

Jener Fall, wo auf eine kurze betonte Silbe eine Silbe mit vollerem Vokal, die einen Nebenton trägt, folgt, ist ja auch anderwärts nicht selten bezeugt: zu *kómèn* im stumpfen Verse vgl. Kraus a. a. O. S. 51 ff. Vielleicht wäre es angesichts der außerordentlichen Hervorhebung des *scherære* angebracht, eine ungewöhnliche Betonung — also *schérærè* oder *scherǽre* (vgl. S. 37) — in Erwägung zu ziehen.

C. Ungewöhnlichere Verse.

In der Hauptsache würden hierher dreihebig stumpfe und vierhebig klingende Verse gehören. Einigermaßen sichere Verse dieser Art begegnen kaum, so daß andere, die man nach diesen beiden Schemen zu lesen versucht sein könnte, durch sie allein eben wegen ihrer großen Seltenheit keineswegs eine Stütze erfahren. So werden wir nach anderen Kriterien Umschau halten müssen, unter denen die bei der Reimtechnik gemachten Beobachtungen (S. 21 ff.; 26 ff.) sowie die für das Fehlen der Senkung aufgestellten Grundsätze

(S. 42ff.) am besten fundiert und damit von entscheidender Bedeutung sein dürften.

a) Dreihebig stumpfe Verse

zu einem Reimpaar vereinigt scheinen

V. 359f. *ir lât diu wîp entêrn*
diu vil wundergern[1])

vorzuliegen, da *ir* 359 ebensowenig wie 375 und 379 besonders hervorgehoben sein wird und eine nachdrückliche Akzentuierung des *vil* überflüssig ist, verstärkt das folgende *wunder* den Begriff doch schon völlig hinreichend.

Ein dreihebig stumpfer Vers ist mit einem vierhebig stumpfen gebunden

V. 1003f. *slach unde stich*
dich an dînen vînden rich ;

Haupts hübsche Konjektur (s. u. d. Text zu V. 1003) erfährt auch durch die Handschrift H nicht die geringste Stütze. Die Hs. weist außerdem nicht das bereits bei der sprachlichen Untersuchung (vgl. S. 26) abgelehnte Imperativ-*e* auf; dafür aber *deinē*. —

Zweifelhaft dürfte es indes sein

V. 425f. *swie herte ir in nû sît*
ez kumet noch diu zît ;

sowie

V. 1107f. *daz er sîn künecrîch*
gestellen müge vridelîch .

Unbedingt muß *nû* 425 einen Akzent tragen, da es im Gegensatz zu *diu zît* im folgenden Verse steht. Für ein betontes *ez* V. 426 könnte man allenfalls das Pathos des Predigers ins Feld führen; *dáz ér* hingegen erscheint mir sehr bedenklich, weil *daz* nicht den mindesten Nachdruck besitzt, und so ein Fehlen der Senkung völlig unmotiviert wäre (vgl. S. 42). Aus demselben Grunde würde es jeder Berechtigung entbehren *sîn* 1107 einen Akzent tragen zu lassen, da von anderen Königreichen nicht die Rede ist, an sie auch nicht gedacht werden kann, denn die Könige sind schon V. 1025 bis 1066 erledigt. —

[1]) Oder *geren* klingend gemessen? Vgl. Kraus ZfdA. 47, 316f.

V. 1113 muß es natürlich heißen

zé ergrī́nenè gewónt

oder mit Synkope

zé ergrī́nnè gewónt . —

Mit vier Hebungen dagegen werden einige stumpf ausgehende Verse zu lesen sein, da der Zusammenhang in jedem einzelnen Fall, wo dann eine Senkung fehlt, durchaus nachdrückliche Betonung des in der Hebung stehenden Wortes fordert. Es sind folgende Reimpaare:

V. 343 f. *máchet íuch vor gót enwíht*
verdénket ír dáz níht ;
927 f. *wíl*[1]) *únserm hérren klágen*
vür wǣ́r wil ích íu ságen ;
1301 f. *dáz ich nū́ mḗre hân*
dán mîn váter íe gewán ;
1315 f. *sṓ bedénkèt die nṓt*
daz níeman mác vür den tṓt ;
1447 f. *dǣ́r àn belī́bet stǽt* :
swér iu íht[2]) *ánders rǽt* . —

b) Vierhebig klingende Verse

sind sicher nicht ein einziges Mal bezeugt, da sich im Reim vierhebiger Verse wohl Worte mit natura oder positione langer Stammsilbe und folgendem *e*, auch wohl Worte wie *mêręn*, nie aber unbedingt zweisilbige bei langer Stammsilbe (z. B. *vrâgen, senden*) finden.

So lassen sich mit Hilfe der Apokope, mit der man in unserem Gedichte doch stets zu rechnen hat, stumpfe Ausgänge erzielen

V. 35 f. *díu sint léider ín ir áhtę*
bǽser dán dehéiner sláhtę ,

vgl. besonders *aht* (Dat.) *: maht* (2. Sg.) 1001; *: vollebrâht* (Part.) 855;

V. 539 f. *ir sī́t ein ánder áls getríu*
áls die wólwe únd die síu ,

[1]) „wer das innige Verlangen hat, wem aus tiefer Seele der Wunsch kommt, seine Schuld Gott zu klagen".

[2]) „auch nur im geringsten".

s. S. 20;

V. 939f. *ság mir, keiser, vürste hḗr,*
wā' von wœnst du dáz got ḗ'r ,

vgl. S. 22ff.;

V. 463f. *noch dúrch des lī'bes wól nùst*
deheines órdèns gelúst ,

vgl. hierzu die Ausführungen auf S. 15, dann *sant* (3. Prät.) *: lant* (A. Pl.) 83, *wolt* (1. Prät.) *: solt* (2. Pl.) 1295. —

Synkope, wie *entêrn : wundergern* 359 belegt ist[1]), könnte angenommen werden

V. 1539f. *von zwein sáchen sól man ḗ'rn*
vroúwen únd ir lóp mḗ'rn ,

1557f. *dâ vón sol mán sie bíllich ḗ'rn*
únd ir lóp stǽte mḗ'rn ,

1579f. *wan múgt ir sie wól lê'rn*
wie von sündèn ze kḗ'rn ,

da *wol* nachdrücklich hervorgehoben werden soll und dadurch durchaus befähigt ist, einen ganzen Takt zu füllen; *wie* 1580 andrerseits ist viel zu wichtig, als daß es mit *von* zweisilbigen Auftakt bilden könnte, der noch dazu in unserem Gedicht gar nicht beliebt ist (s. S. 39f.). —

Dreihebig klingend hingegen dürften aufzufassen sein

V. 789f. *ez wǽr ein lī'htiu schúlde*
vlürt ír niht gótes húlde ;

jedenfalls ist diese Betonung sinngemäßer als

verlürt ir níht gótes húlde ,

wo Ausfall der Senkung hinter *niht* an und für sich allerdings durch die folgende, freilich schwache Satzpause bedingt sein könnte;

V. 945f. *got wíl daz dír erbárme*
ze áller zī't der árme ,

wo *got,* ohne bloße Titulatur zu sein, im Auftakt allerdings

[1]) Selbst wenn man *geren* lesen würde (vgl. S. 47 Anm.), so schwebt darum die Annahme der Synkope in diesen 3 Fällen noch nicht in der Luft, denn sicher vierhebig klingende Verse sind eben, wie oben gezeigt wurde, nicht bezeugt, wohl aber reichlich scharfe Synkopen.

etwas auffällig, auf *wil* aber offenbar besonderer Nachdruck gelegt ist. —

Daß mit Verschmelzung

V. 797 f. *sprécht zen* (Karajan *zuo den*) *lóterpháffen:*
ir únreìne áffen ,

ähnlich 1287 usw. zu lesen ist, bedarf kaum einer Begründung. —

Fünfhebige oder andere Verse finden sich nicht.

§ 4. REIM.

a) Allgemeines.

Etwa 30 % der Verse des B. d. R. weisen klingenden Ausgang auf, der sich aber höchstens auf drei aufeinander folgende Reimpaare erstreckt (447 ff.; 833 ff.; 1525 ff.).

Dreisilbige klingende Reime mit Verschleifung auf der Hebung finden sich nicht.

Der stumpfe Reim ist entweder von Natur einsilbig oder wird es erst metrisch durch Verschleifung zweier kurzer Silben.

Haupt- und Nebenton reimen häufig und ohne Anstand aufeinander.

Über die Reinheit der Reime endlich ist bereits in Teil I ausführlich gehandelt.

Die Reimarmut ist ziemlich groß. Es mögen nur die Zahlen für diejenigen Worte angeführt werden, die mindestens 1 % (rund!) der gesamten Reimworte ausmachen: *guot, leit, niht* je 16; *sol* 17; *an, hân* je 18; *sîn, wil* je 20; *vil* 22; *man* 23; *wol* 24; *-lich* 35; *-heit (-keit)* 57. Diese 13 Worte stellen die Reime für 302 Verse, bilden also nicht ganz 22 % der gesamten Reimworte. Das B. d. R. übertrifft hierin also etwas Freidank, erreicht aber bei weitem nicht Thomasin (vgl. F. Rankes Zusammenstellungen: Palästra Bd. 68, S. 8, bes. d. Anm.).

b) Besondere Reimarten.

Vgl. W. Grimm „Zur Geschichte des Reims“ (abgedruckt in den „Kleineren Schriften“, herausg. von G. Hinrichs Bd. IV,

1887, S. 125ff., wo im Register unter „Rügen, Buch der“ S. 334 ein Fehler in der Zahlenangabe untergelaufen ist: es muß heißen 609[89]).

Soweit die Reimarten im B. d. R. belegt sind, mögen sie zusammengestellt werden:

1. Rührende Reime,

die sich, wenn ein Bedeutungsunterschied zugrunde liegt, manchmal zeigen:

Simplex : Kompositum: *hîrât : rât* 437; *alsô : sô* 1487;

Kompositum : Kompositum: *vernomen : genomen* 235;

Kompositions- oder Ableitungsglieder aufeinander: *gehôrsam : mitesam* 563; *-ære : -ære* häufig; nie aber, weil sie noch als Ableitungsglieder empfunden wurden, *-bære : -bære* u. *-schaft : -schaft;* sehr oft dann *-lîch : -lîch,* einige Male auch auf *gelîch;* je 3 mal *-heit : -heit, -keit : -keit,* 4 mal *-keit : -heit,* dagegen 38 mal *-keit* u. *-heit : -eit!*

2. Grammatische Reime

zeigen sich zweimal allerdings etwas unvollkommen

V. 1005ff. *leit : kristenheit : heiden : erleiden*
1148f. *schert : schern*

3. Doppelreim

ist nur einmal genau *unde sæt : unde mæt* 1503; weniger zufällig, dafür aber wieder nicht ganz genau sind

V. 985f. *behaltet wol : behalten sol*
1179f. *bœsen muot : bœse tuot* ;

vielleicht ist hierher auch zu rechnen

V. 547f. *triuwe mîn : iuwer sîn* .

Überleitend auf den erweiterten Reim steht das mitreimende, aber selbständige Wort in der Senkung

V. 295f. *ze râte : ze spâte* ,
333f. *niht kriegen : niht liegen* ;

(vgl. Grimm S. 207).

Nur in dem ersten Vers ist der Endreim verdoppelt

V. 243f. *hin in : sin* ,

in dem zweiten dagegen

V. 1393f. *dû : dû nû*

(vgl. Grimm S. 201ff.).

4. Erweiterter Reim.

Die Fälle mit den vorangehenden Präfixen *be-, er-, ge-, ver-* sind häufig; beachtenswerter indes nur *unórdentlī́ch : untúgentlī́ch* 909 sowie die älteren *geislī́ch : vreislī́ch* 911 und *vrídelī́ch : sítelī́ch* 1635 (vgl. Grimm S. 224).

5. Mittelreim,

der bei Freidank beliebt ist (vgl. Grimm 194f.), liegt im Verhältnis zum Umfange des B. d. R. häufig vor:

V. 704 . . . *niemàn ervúllen kán*
947 . . . *dán der rī́che mán*
1162 . . . *únreht máchen sléht*
453 . . . *dích über mích*
456 . . . *díu nénne ich íu*

(etwas ungenau vielleicht auch . . *gedấht zuo priesterschấft* 769?).

6. Inreim

(vgl. H. Paul, Mhd. Metrik in seinem Grundriß² § 87) entsteht, wenn Wörter im Innern an entsprechenden Stellen verschiedener Verse gebunden werden:

V. 144f. *von der diu vruht worden ist.*
waz mac diu vruht anders sîn ,
154f. *daz ir daz niuwe niht verdeit.*
ich mein daz niuwe daz man siht ;

in beiden Fällen werden so durch ein für den Inhalt wichtiges Wort zwei verschiedene Reimpaare verbunden.

7. Pausen.

Sicher ist nur

V. 1488 *sô, mîn mülrössel, sô* ;

etwas Ähnliches liegt

V. 1380 *koufest und verkoufest*

vor, vielleicht auch

V. 1322 *wer ist diser? wer ist der?* ,

wo außerdem Mittelreim im Spiele wäre.

8. Reimhäufungen

umfassen, wie es in allen Gedichten vorkommt, höchstens zwei Reimpaare.

Die nach Grimm (S. 241) „wahrscheinlich volksmäßige Neigung" im II. Reimpaar die Reimwörter des ersten zu wiederholen zeigt sich 3 mal:

V. 427ff. *vil : wil : vil : wil*
827ff. *wol : sol : wol : sol*
1065ff. *gestêt : gêt : gestêt : gêt* .

5 mal — 2 mal 829 1067 beginnt sogar ein neuer Abschnitt — werden die beiden Reimpaare durch stärkere Einschnitte geschieden: 83ff., 427ff., 827ff., 903ff., 1065ff. Beabsichtigt wird die Häufung wahrscheinlich sein: 633ff., 909ff., 1277ff., 1633ff.

Aus inhaltlichen Gründen könnte man versucht sein, auch V. 1649ff. als allerdings ungenaue Reimhäufung anzusehen. Unterbrochen durch ein anderes Reimpaar wird die Häufung z. B. V. 677ff. —

9. Stabreim

beschränkt sich, abgesehen von Fällen wie etwa *kumt kunst* 247, *vrumen vrouwen* 893, *wæger wære* 1522, auf formelhafte Ausdrücke, die in unserm Gedicht ja nicht gerade selten sind.

§ 5. ENJAMBEMENT.

Das Enjambement weiß der Dichter nicht ohne Geschick anzuwenden, ohne in den Fehler zu verfallen, durch übertriebenen Gebrauch dieses ungemein belebenden Mittels nicht angebrachte, störende Unruhe hervorzurufen.

Am schärfsten macht das Enjambement sich geltend, wenn zwei eng zusammengehörende Worte durch den Reim getrennt werden,

z. B. V. 14f. *die got dar zuo beschaffen*
hât daz sie solten lêrn ,
77f. *wie Abram got umb die stat*
Gomorre vlîzeclîchen bat .

Häufiger, aber nicht weniger wirkungsvoll ist es, wenn ein oder zwei Worte durch den Versschluß von dem Satzton getrennt werden: z. B.

V. 516f. *ez würd mit solher gæhe*
gevordert daz der commendür
837ff. *si mugen niht erlîden*
strâf, swie si niht mîden
ofte daz in übel stêt
919f. *der im des niht wolte*
danken als er solte
1221f. *sagt, ir wunderarmen, mir*
gedrâte, wes gedenket ir
1483f. *mir tuot gebûre hôchvart*
zorner dan ob sie von art
51ff. *wie wir gotes hulde*
verdien und unser schulde
gebîhten und gebüezen ,

wo V. 52 aus zwei von verschiedenen Satztönen abgetrennten Stücken besteht.

300f. *sagt mir durch got, ze wiu*
lebet ir untugentlîch
569f. *ist daz indert einer kan*
ein hantwerc, swaz daz sî
1457f. *dient iuwern herren wol*
mit triuwen, als man dienen sol.

Der Zweck scheint wie bei der absichtlichen Pausierung der Senkung ausschließlich der zu sein, bestimmte Worte nachdrücklich herauszuheben.

§ 6. REIMBRECHUNG.

Ungleich zahlreicher als das Enjambement stellt sich naturgemäß die Reimbrechung ein, die zwar keineswegs in dem Maße wie jenes Mittel belebend wirkt, aber doch die durch regelmäßige Aufeinanderfolge in sich abgeschloßner Reimpaare hervorgerufene Monotonie zu verhindern geeignet ist.

Wenn nun auch nicht alle Fälle von Reimbrechung rationell erklärt werden können, so lassen sich viele — um nicht zu sagen: die meisten — auf einleuchtende Gründe zurückführen.

Ein Übergang zu einem neuen Gegenstande der Darstellung[1]), der nicht selten die Form des Abbrechens annimmt[2]), ein Gegensatz zu dem eben Angeführten[3]) oder eine Steigerung[4]) sowie ein Einwurf[5]) bieten den Anlaß zur Reimbrechung. Nach einer allgemeinen Bemerkung kennzeichnet sie wohl den Beginn ihrer spezielleren Ausführung[6]); kündigt nach einem Bilde die Anwendung an[7]); trennt die Aufzählung von Schwächen oder Sünden von der Erteilung eines Rates durch den Dichter[8]). Nach Fragen[9]), vor Aufforderungen[10]), Bitten und Gebeten[11]), vor Ausrufen[12]) trägt die Reimbrechung sicher wesentlich zur wirksamen Heraushebung jener bei. Endlich deutet sie oft eine abschließende Bemerkung, mag sie nun aus einem Vers bestehen oder sich aus mehreren zusammensetzen, am Schluß eines Abschnittes[13]) oder in seinem Innern[14]) an.

---

[1]) z. B. V. 567f. [2]) 295f.; 1433f. [3]) 195f.; 1133f. [4]) 845f. [5]) 263f. [6]) 341f. [7]) 715f. [8]) 279f.; 839f.; 1293f. [9]) 329f.; 575ff.; 1263ff. [10]) 393f.; 773f.; 931f. [11]) 37f. [12]) 27f. [13]) 311f.; 699ff. [14]) 243f.; 365ff.

IV. ZUM STIL.

A. LEBENDIGKEIT DER DARSTELLUNG.

Die der Darstellung unseres Gedichtes eigene außerordentliche Lebhaftigkeit wird in der Hauptsache dadurch hervorgerufen, daß der Verfasser unablässig darauf bedacht ist, mit seinem Publikum in stetem, engen Verkehr zu bleiben, wie es ähnlich auch in der Predigt der Fall ist. Und in der Tat erhalten wir den Eindruck des gesprochenen Wortes, fordert der Dichter doch selbst die Geistlichen oder — wie er sie in der Anrede nennt: *bruoder* — am Beginn jedes Abschnittes auf, vor ein jedesmal bestimmt abgegrenztes Publikum ermahnend oder heftig tadelnd zu treten.

Aufs engste hängt es damit zusammen, wenn der Verfasser sich nun fast ausschließlich in der zweiten Person bewegt.

Speziellere Anreden sind selten; wo sie sich finden, aber meist scharf (*ir êrelôsen zagen* 1245) oder derb (zu den *lotterphaffen* V. 798: *ir unreine affen*).

Viel wichtiger sind ihm offenbar jene formelhaften Aufforderungen, die er ununterbrochen an seine Hörer ergehen läßt, aufmerksam zu sein, mit sich zu Rate zu gehen und seiner Lehre zu folgen: z. B. *wizze daz* 1018, *nû hœrt* 1245, *hœrt . . . waz ich sage* 47, . . . *mînen rât* 1601, *nû hœret unde merket wol* 1543, *(nû) merket* 541 1087 1335, *merket mîniu wort und hüet ir* . . . 309, *nû seht* 745, *nemt daz in den (iuwern) muot* 1304 1608, *nû verdenke* 1383, *gedenket dar an* 1564, *sît gemant* 1627, *volget mir* 1500; zuweilen fingiert der Dichter eine gewisse Gleichgültigkeit, die durch den Zusatz *ob ir welt* 1087 oder ein *welt ir die driten sache hân* 1563 (ähnlich 456 469)[1] zum Ausdruck kommt.

Aber auch aktive Teilnahme an der Erörterung wird verlangt: *sagt mir* 300 483, *saget* 351 usw., *sprecht* 1421, *ir sült mir einez ûz legen* 667, *nû vrâge mich* 1368 u. a. m.

An den Stil der Predigt erinnern die vielen Ankündigungen, durch die der Dichter den Hörer auf die Wichtigkeit dessen, was sogleich gesagt werden soll, hinzuweisen wünscht.

Weit mehr wird die Aufmerksamkeit wachgerufen und gespannt durch die sogenannte Präteritio (190 296f. 870). Ebenfalls hierher zu zählen ist die Wendung gegen Ende der Einleitung V. 158, denn der Dichter will ja erst noch im folgenden den Menschen ihre Sünden vorhalten. Gewissermaßen in die Form der rhetorischen Frage gekleidet erscheint sie V. 1153 f.

Indes der Dichter fordert auch Glauben, und die der Beteurung gewidmeten Formeln nehmen einen ähnlichen Raum ein wie jene anrufenden. Neben dem einfachen *bî gote* 892 oder *ûf mîn triuwe* 336 begegnen uns die ausführlicheren, meist einen bequemen Reim bietenden *ich sag iu ûf die triuwe mîn* 424 700, *ich spriche bî der triuwe mîn* 764, *ich nim daz ûf die triuwe mîn* 372, *daz rât ich ûf die triuwe mîn* 312 1046 oder umgekehrt V. 204, *ich sprich ûf mîne wârheit* 555, *vür wâr sag ich iu daz* 788, ähnlich 928 1024. Daneben könnte man Ausdrücke wie *daz tuot ir alle sicherlîch* 665 hierher rechnen.

Wenn es V. 1284 heißt *ûf mîn triu des dunket mich,* so leitet uns das bereits zu der ebenfalls recht häufig im B. d. R. angewandten vorsichtigen Behauptung hin, der zumeist eine feine Ironie zugrunde liegt. Eingeleitet wird sie durch *mich dunket (dûht)* 396 633 720 746 1109 1269, seltener durch ein *ich wæn* oder *ich wânde* 264 274 462 1508, eínmal durch *ich vürht* 192.

---

[1]) Derartige in lehrhaften Dichtungen des Mittelalters nicht seltne, uns so wenig zusagende zahlenmäßige Einteilungen (vgl. auch V. 1535 ff.), verraten neben vielem anderen im B. d. R. den Einfluß der Predigt, die diese Eigentümlichkeit wieder der scholastischen Wissenschaft verdankt.

Berufungen auf allgemein Bekanntes oder Gültiges sowie auf Gelesenes fehlen natürlich nicht. So z. B. *wir hœren* 338, *wir sehen* 434, *ir seht und hœret alle wol* 159, *ir wizzet alle samt wol* 829, ähnlich 305, *als ir wol wizzet alle gar* 1548, *als wir ofte hân vernomen* 126, *wir haben alle wol vernomen* 1555, *wir müezen alle des verjehen* 1533, *des müezen alle die (mir) jehen* 250 1572, *daz sprichet aller meister sin* 1382 oder negativ: *des lougent alliu meisterschaft* 692, *des in got selbe giht* 350, *als in ir regel lêre gît* 472, *wan ich wol gelesen hân* 822, *wan ich hân gelesen daz* 1598, *daz seit uns diu geschrift wol* 1476, *doch weiz ich wol wâ stêt geschriben* 549.

Durchaus selbständig gegenüber der lateinischen Vorlage wendet der Dichter das in der geistlichen Literatur und in der Predigt beliebte Mittel des Einwurfs an: V. 683 ff. (vgl. Lat. Ged. V. 453 ff.); 889 ff.; 983 ff. (vgl. Lat. Ged. V. 649 ff.). Abgesehen von der Stelle 889 ff., wo der Dichter den Verdacht[1]), daß er im allgemeinen den Frauen *trüege haz,* von sich weist, ist die Form der kurzen direkten Rede gewählt. Wendungen wie *nû sprichet etlîch tumber man* 683 oder *wolt aber ieman sprechen* 889 sowie — etwas weiter ausgeführt — V. 983 ff. bilden die Einleitung.

Eine ungemeine Belebung erfährt die Darstellung durch die zahllosen an die einzelnen Stände gerichteten Fragen, die je kürzer um so wirkungsvoller sind. Besonders gern werden sie zu Beginn der Abschnitte verwandt, hier zuweilen gepaart (171 ff. 1221 ff. 1260 ff.), was im Innern nur einmal V. 615 ff. zu verzeichnen ist. Am Schluß finden wir Fragen selten (1119 f. 1210 ff.).

Ausrufe stehen an Zahl den Fragen wesentlich nach. Der Dichter geißelt mit schneidenden Worten des Papstes Pflichtvergessenheit und Sündhaftigkeit, bis er plötzlich V. 254 ff. mit den Worten *wê mir wê! ich hete nâch vergezzen des ich mich hân vermezzen* „gleichsam selbst erschrickt und inne hält". Die entschieden ebenfalls wirkungsvolle Stelle V. 531 ff., wo das den Ordensrittern unerwartet gezollte Lob *ir sît den heiden*

---

[1]) Noch zweimal sieht sich übrigens der Verfasser veranlaßt, dem Verdacht der Voreingenommenheit vorzubeugen: 653 und 1266 ff.

gehaz durch den unmittelbar folgenden Ausruf *wolte got möht ich daz gesprechen mit der wârheit* sofort wieder durchkreuzt wird, scheint nicht frei vom Einfluß der lateinischen Vorlage zu sein (vgl. daselbst V. 333 ff.). Die Ausrufe 215 466 677 f. 711 bieten nichts Besonderes.

Von dem Gebet — der Dichter stellt sich selbstverständlich auch Gott als Hörer vor — macht er nur geringen Gebrauch. Abgesehen von einem kurzen *dâ bring uns got alle zuo* 1482 ist nur das übliche, längere Gebet am Schluß der Einleitung zu erwähnen, in dem der Dichter Gott um Beistand in seinem Vorhaben bittet. —

Endlich ist noch einer wichtigen Erscheinung Erwähnung zu tun, die außerordentlich zur Belebung der Darstellung beiträgt: der fast ausschließlich herrschenden direkten Rede werden abermals oft kürzere direkte Reden eingefügt, die zum Teil nur aus wenigen Worten wie V. 537 763 1094 1322 1385 bestehen. Ein gutes Beispiel bietet im übrigen der von den Kaufleuten handelnde Abschnitt V. 1287 ff., der überhaupt mit dem an Heinrich von Melk erinnernden Grabesmotiv eben wegen seiner Frische zu den gelungensten des ganzen Gedichtes gerechnet werden muß.

B. NACHDRUCK UND FÜLLE.

Das relativ kurze Buch der Rügen weist eine ungemeine Fülle zweigliedriger Ausdrücke auf, die — zum Teil durch Stab- oder Endreim gebunden — seit alters bis auf unsere Tage einen wertvollen Besitz der deutschen Sprache und Dichtung bilden. Besonders häufig und gern werden sie natürlich in den Gattungen der Poesie und Prosa angewandt, die sich an weitere Kreise wenden und auch im Volk Verständnis und Beachtung finden wollen. Und dahin gehört vorzüglich das Lehrgedicht, zumal hier — sind die Verfasser doch zumeist geistlichen Standes — der Einfluß des in diesem Falle sich in gleicher Richtung bewegenden biblischen Stils hinzukommt.

Tragen diese Verbindungen auch ohne Zweifel zu einer eindringlichen, kraftvollen Gestaltung der Rede im Buch der

Rügen wesentlich bei, so verraten sie doch im einzelnen wenig Originalität. Da mir jeder Abschnitt unseres Gedichtes eben wegen der schon am Eingang dieses Abschnittes hervorgehobenen außerordentlichen Häufigkeit dieser Ausdrücke hinreichend Zeugnis dafür abzulegen scheint, so glaube ich mir es ersparen zu können, Seiten mit einer vollständigen Aufzählung zu füllen. Einige wenige Beispiele mögen die charakteristischen Arten des Parallelismus veranschaulichen.

Zunächst können — es ist dies der bei weitem häufigste Fall — „zwei verschiedene, oft synonyme Wörter paarweise mit einander verbunden werden, um denselben Gegenstand gleichsam von zwei verschiedenen Seiten oder in verschiedenem Licht zu zeigen“[1]: Judith schlägt Holofernes' Haupt *mit wîsheit und mit sit* ab (96); *haz unde nît* hat der böse Feind ins Land gesät (217); *angest unde nôt* soll der wider seine Regel verstoßende Mönch schon auf Erden erleiden (478); der sündige Schiltknecht *von got und von dem himelrîch* geschieden werden (1258); dann *genæmer . . . und gezæmer* 241; *vrœlich unde gerne* 758; *unordentlîch . . . und untugentlîch* 909; *gæhe . . . oder spæhe* 1591; jeder *muoz unde sol* Rechenschaft über sein Leben ablegen 306; *ir gezzet und getrinket wol* 511; den Gottlosen *lobt ir unde êret* 1118; *vastet und vîrt* 1463. Das Asyndeton ist bei zwei Gliedern selten und kommt nur beim Substantivum vor: *edel, zuht* 248; *natern, slangen* 1527. Genauer bestimmt wird das erste Glied durch das zweite zum Beispiel, wenn der Dichter fragt, warum die *kriuzære die werlt und ir geziere* (485) fliehen, da sie so schnell wieder zurückkehren wollten *zuo ir und zuo ir êren* (488); oder wenn er die Bauern bittet, Arme *niht verderben noch vor hunger sterben* zu lassen (1473); *swaz der seit und mit worten lêret* 1620. Nicht selten erfährt das erste Wort durch das zweite eine Steigerung: die Jungfrau Maria wird mit einer Blume verglichen, die *von küneclîcher art was gephlanzet und bekomen* 124; zum Papste 177 *wes merkest dû niht waz man seit und sô jæmerlîchen kleit*; durch des Feindes *unreine sât* ist *guoter sâme und guotiu vruht* mißraten (213); ein *wol gelêrter man* kann getrost *vür*

[1] Wilmanns in seiner Waltherausgabe[2] S. 71f.

künec und vür keiser gân 766; an die Hörer ergeht die Aufforderung *hœret unde merket* 1543 usw.

Sodann stellt der Dichter nicht selten entgegengesetzte Wörter nebeneinander, um dadurch „die abstrakteren Begriffe der Gesamtheit, des Ichs, Menschenwertes, des Überalls und Immers“ [1]) zu deutlicherer Anschauung zu bringen und nachdrücklich hervorzuheben. Also etwa *von mannen noch von wîben* 1054; *michel oder kint* 756; *weder arm noch rîch* 237; *trucken unde naz* 1138; *gên vrumen und gên bœsen* 1156; *gezeln . . . noch geschrîben* 138; *sprechen und gedenken* 440; *koufest und verkoufest* 1380; *sêle und . . . lîp* 1333; *nâch êren und nâch gotes hulden* 174; *guot oder êre* 1028; *hin unde her* 1321; *ist gewesen und noch wert* 219; *beidiu naht und tac* 498; *spâte oder vruo* 708.

Endlich einige Beispiele für jenen Spezialfall, wo ein Wort mit seinem negierten Gegenteil verbunden und damit der jenem zugrunde liegende Begriff eine bedeutende Verstärkung erfährt: *übel unde selten wol* 279; *er* („das Geld“) *ist ir und iuwer niht* 349, ähnlich 1096; *ernstlich und niht in spot* 1160; anreihen möchte ich hier noch *ir schert daz guot und niht daz hâr* 1145.

Die Fülle, die doch schon durch Zweigliedrigkeit des Ausdrucks entsteht, wird oft durch Hinzufügung eines dritten oder weiteren Wortes erhöht, die dann wieder untereinander in dem Verhältnis der Antithese stehen können.

Bei dreigliedrigen Verbindungen wird zumeist das letzte Wort mit *unde* angeschlossen. Also etwa *man vrouwen unde kint* 32 327 oder *kint vrouwen oder man* 1586; *bürge stete unde lant* 1033; *von almuosen allen rât, kirchen unde phrüenden vil* 793; *gelücke êre unde guot* 341; *zorn haz unde nît* 885; *verspehen rouben unde brant* 1239; *beroubet naket unde blôz* 992; *geislîch stæte und unvreislîch* 1633. Eindringlicher wirkt das Polysyndeton: *kiusch an worten und an muot und an den werken* 467; *haz unde nît und missehellunge* 977. Asyndetisch finden wir *juden ketzer heiden* 1007 nebeneinander.

---

[1]) Wilmanns a. a. O. S. 77.

Mehrgliedrige Ausdrücke weisen eine gewisse Ordnung auf: so V. 112f. *veste unde herte, lanc grôz unde breit*, wo die inneren Eigenschaften der *gerte* den äußeren gegenübergestellt werden; eine Steigerung dagegen ist zu bemerken V. 282f. *sekke kasten unde schrîn, stadel keller und daz hûs*; V. 565f. *vasten unde wachen, beten, selten lachen* sowie V. 1503f. *ert ziunet unde sæt, snîdet dreschet unde mæt.*

Entschieden unangenehm machen sich die den Fluß der Rede störenden längeren Aufzählungen geltend, an denen die lateinische Literatur des Mittelalters sowie die spätere oberdeutsche Spruchdichtung eine gewisse Freude haben (vgl. Roethe, Reinmar von Zweter S. 317 ff.). Die beiden Stellen 1275—79(82) und 1411—14 sind z. B. der lateinischen Vorlage nachgebildet (vgl. daselbst V. 825 — 840 und V. 929—932); zwei weitere V. 181—187 und V. 1189—92 zum mindesten durch sie angeregt (vgl. ebenda V. 93—100 und V. 777—784), während der Verfasser in den Versen 400—403 selbständig handelt. —

Was über Wirkung und Art der Verbindung einzelner Wörter im Buch der Rügen zu sagen war, trifft im allgemeinen auch auf die Paarung von mehr oder weniger selbständigen und umfangreichen Sätzen zu. Altgermanische Tradition (vgl. Heinzel, QF. Bd. X, S. 9ff.) sowie der biblische Parallelismus haben auch hier wieder zusammengewirkt.

Kein Unterschied liegt V. 21 vor: *mich riuwet sêre und ist mir leit.* Erläuternd tritt der zweite Satz asyndetisch zum ersten V. 1465 *gêt ze kirchen, gerne betet.* Eine Veranschaulichung erfährt er V. 309f. *merket mîniu wort und hüetet ir als goldes hort*, V. 447f. *ob sie* („die Mönche") *die werlt vliehent, von üppekeit sich ziehent.* Eine Steigerung dürfte zu bemerken sein V. 1408f. *wil er von den sünden lân und wil genâde suochen*; V. 1539f. *von zwein sachen sol man êrn vrouwen und ir lop mêrn*, ähnlich 1557. Der Schlußsatz des priamelhaften Gebildes am Ende des Gedichtes *dâ von kumet bœser gedanc und werdent vestiu herzen kranc* scheint sie mir ebenfalls aufzuweisen.

V. 452 folgt dem *miserere* unmittelbar die Übersetzung *got, erbarm dich über mich.* Es ist dies eine in der altdeutschen Predigt gewöhnliche Erscheinung, deren Gründe ja klar sind.

V. 958 ff. und V. 1231 ff. werden drei Sätze asyndetisch aneinander gereiht, um etwas Gemeinsames zum Ausdruck zu bringen.

Zu gleichem Zweck werden nicht selten Sätze mit mehr oder weniger entgegengesetztem Sinne gepaart: die Priester sollen z. B. einem jeden vorhalten, *ob er . . . mit got ist oder von im strebt* 166; V. 212 f. heißt es, daß von des Teufels böser Saat *misserâtet guoter sâme und guotiu vruht und wahset alliu ungenuht.* Durch Chiasmus außerdem verstärkt wird V. 201 f. die dem Papst von Gott verliehene Vollmacht *die guoten zerlœsen, ze binden die bœsen* umschrieben.

An Stelle des Gegensatzes tritt die Negation V. 55 f. *ir lêret uns zuo aller stunt und tuot anderz selten kunt*; *ich wânde daz ir vil baz wœret gerihtet nâch got und niht verpflihtet ze werltlîchen dingen* sagt der Dichter zu den Kardinälen V. 274 ff., und bei den Rittern ist es ihm sehr zweifelhaft, *ob ir ze gnâden sît erkorn oder êweclîch verlorn* 1125 f. Chiasmus kommt hinzu V. 15 f.: Gott hat die Priester geschaffen, *daz sie solten lêrn zuht, unzühte wern.* —

Wortwiederholungen in Form der Anapher stellten sich oft, zumeist allerdings wohl zufällig bei den soeben besprochenen zweigliedrigen Ausdrücken ein. Hierher gehören Fälle wie *von mannen noch von wîben* 1054, *gên vrumen und gên bœsen* 1156, *ze rihten und ze lêren* 173 usw. Wirkungsvoller ist die Anapher hier bei inhaltreicheren Präpositionen und Konjunktionen: also etwa *noch durch liep noch durch leit* 4, dann besonders *âne trôst und âne rât* 261, sowie wiederholtes *und* im Polysyndeton (z. B. V. 370 f. 467 f.). Auch sonst kann man oft schwanken, ob Absicht oder Zufall im Spiel sind. Bewußt scheint mir die Anapher angewandt zu sein: V. 213 *guoter sâme und guotiu vruht*; V. 333 f. *ich wil mit iu niht kriegen, ich wil iu ouch niht liegen*; V. 611 ff.; V. 1171, 73 ein Ritter soll *haben grôze riuwe . . . . haben guot gedinge*; V. 1649 ff., wo fünf Verse mit *niht* beginnen; mehrere Male in dem einzigen Wortspiele (1130—1151), wo in nicht übermäßig geistvoller Weise mit den Stämmen *scher-(n)* und *scherm-* gespielt wird. Formelhaft ist der Ausruf *wê mir, wê!* 254 und ebensowenig etwas Besonderes bietet V. 1322 *wer ist diser? wer ist der?*

Regellose Wiederholung von Worten oder Wortstämmen, wie sie im Wortspiel neben der Anapher geübt wird, ist nichts Seltenes.

Die Kontinuität der Gedankenentwicklung wird zuweilen durch Wiederholung eines Wortstammes an der Spitze eines Satzes aus dem Schluß des vorhergehenden, wie wir es V. 1161 ff. finden, gestützt: ein Ritter soll

den vürsten helfen nâch dem reht,
allez unreht machen sleht,
bœse liute machen guot,
die guoten haben in der huot . —

Indes nicht immer folgen die Worte so unmittelbar aufeinander: z. B. V. 144 f. *diu vruht;* V. 154 f. *daz niuwe;* V. 616 f. *(be)triegen;* V. 678 f. *zebrochen;* V. 726 f. *genomen(z);* V. 1168 f. *betrüebet.*

Ferner trifft man ein bestimmtes Wort oder einen Stamm mehrere Male — zumeist durch einen oder weitere Verse jedesmal getrennt — in gewissen Partien unseres Gedichtes an, um den Leser nachdrücklich und immer wieder auf das für den Dichter im Vordergrunde stehende Wort hinzuweisen. So in den Versen 1074—1093 nicht weniger als fünfmal *klœster;* dreimal *bluome* 119 ff.; *hôchvart* 289 ff., ähnlich 1483 ff.; *herte* 423 ff.; *strâfe(n)* 832 ff.; zweimal *geistlîch* 499 ff.; *zäher* 929 ff.; *guot(lîch)* 1441 ff.; *dienen* 1457 ff. u. a. m. Daß der Verfasser im Gegensatz zu den meisten mhd. Dichtern, die unempfindlich sind gegen unbeabsichtigte Wortwiederholungen, hier mit Bewußtsein gehandelt hat, scheint mir durchaus festzustehen.

Die sogenannte figura etymologica zeigt sich nur einmal V. 210 f. . . . *gesœt* . . . *unreine sât* (vgl. Rich. M. Meyer: Deutsche Stilistik, S. 44 ff.). Anschließen möchte ich hier noch V. 165 . . . *des lebens des er lebt.*

Endlich sei hingewiesen auf zwei steigernde Wiederholungen *nihtes niht* 345 und *ihtes iht* 435.

C. ANSCHAULICHKEIT.

Die geringe schöpferische Kraft des Verfassers fällt besonders bei Betrachtung der Vergleiche und Bilder, die das Buch der Rügen bietet, auf.

Ohne allerdings ein Vorbild in der lateinischen Vorlage zu finden, aber in enger Anlehnung an die biblische Ausdrucksweise und mittelalterliche Theologie wird Jesu Geschlecht mit dem Leben eines Baumes verglichen (V. 111 ff.): die von Jesse ausgehenden Wurzeln treiben einen kräftigen Stamm empor, dessen grünende Zweige zu ihrer Zeit eine wunderbare Blume hervorbringen. Und diese herrliche Blume zeitigte eine unsagbar köstliche Frucht. Die Deutung schließt sich dann unmittelbar an. —

Ein weiterer Vergleich dürfte dem Freidank entstammen. Was dort (ed. W. Grimm, S. 41, 18 ff.) von den *giregen* im allgemeinen gesagt wird, wendet der Dichter hier (V. 711 ff.) auf *die meister von der erzenî* und Juristen an: sie seien *sô grundelôs als daz mer, dâ wazzer grôz stæte in vliezent und sich dar in besliezent, und kan doch nimmer werden vol!*

Ebensowenig kann von Originalität die Rede sein, wenn der Dichter wünscht, seine Worte mögen gehütet werden *als goldes hort* V. 310, oder wenn er derb V. 539 f. zu den Ordensrittern sagt *ir sît ein ander als getriu als die wolve und die siu* und von den Knappen V. 1187 f. *iu ist diu kirche als der stal, swâ man sol rouben überal.*

Der Dichter liebt es nun außerordentlich, einen einzelnen Vorgang oder ein einzelnes Ding mit dem typischen oder idealen Verlaufe aller derartigen Vorgänge oder Dinge zu vergleichen[1]: V. 54 198 356 474 512 586 670 695 926 1050 1458. Zuweilen mag Reimnot mitgespielt haben.

Die bildlichen Ausdrücke werden gern der Natur, dem Krieg, Gericht entnommen. So jenes hübsche Bild (V. 928 ff.), daß *mit einem zäher kleine, den er* („der Christ“) *von herzen weine erlischet allez helleviur,* das — hier vielleicht aus

[1]) Vgl. H. Roetteken: Die epische Kunst Heinrichs von Veldeke und Hartmans von Aue. Halle 1887. S. 86.

Freidank (ed. W. Grimm S. 35, 18 f.) stammend — auch der Predigt nicht fremd ist (z. B. Altdeutsche Predigten, herausg. v. Schönbach Bd. I, S. 39, Zeile 8). Biblischen Ursprung verrät V. 209 ff. *nû hât mit sîner veiger hant der vînt gesæt in diu lant als unreine sât, dâ von ofte misserât guoter sâme und guotiu vruht.* Wenn es V. 19 heißt, *ach unde wê* sei *gewahsen,* so ist es schon wie so oft im Buch der Rügen äußerst zweifelhaft, ob das Bildliche infolge des alltäglichen Gebrauchs noch als solches empfunden wurde.

Des Papstes Schwert *snîdet baz dan daz dîn* („des Kaisers") 1017 (vgl. Freidank 152, 10), denn *ez ist gehert mit gotes kraft, daz aller smide meisterschaft ein sämelîchz enmahte* 1019 ff. (vgl. Reinmars v. Zweter Spruch: *Ein meister der hat uns geslagen . . .*). Das pflichtvergessene Treiben des Papstes soll seiner *sêle ein slac* werden 271; der an Pfründen reiche, lässige *schuolær izzet rehten rêroup* 796; die *sarabaîten* mögen *in die helle rîten . . . die tiuvel werden iriu ros* 592 ff.

Der Dichter fragt die Schildknechte V. 1247 ff., *waz ir von iuwer arbeit mit iu in die helle treit dan die sünde zuo einem urkünde, daz ir bœslich habt gelebt . . .* Jeder Mensch muß bei seinem Tode *vor gerihte rede ergeben wie gewesen ist sîn leben* 307 f.

V. 1529 f. *er macht in eine zeche von swebel und von peche . . .* ist angeregt durch die lateinische Vorlage V. 455 f.: „potaberis ab inimicis liquore sulphuris et picis".

Die der kirchlichen Sprache entstammenden Ausdrücke wie *helle gluot* 590 935, *helle tor* 621 815, *himel trôn* 380, *gotes schôz* 1193 u. a. m. sowie die anderen Vorstellungsgebieten entlehnten wie *gevarn in den orden* 581, *laster breit machen* 638, *sêle vergift* 1076, *daz guot schern* 1145 usw. gehen nicht über den üblichen Rahmen hinaus. Das Bildliche kommt zumeist dem Hörer, wie schon einmal oben hervorgehoben wurde, eben wegen des allgemeinen Gebrauchs kaum zum Bewußtsein. —

An Personifikationen ist das Buch der Rügen äußerst arm. Wenn man von den Eingangsworten *Ich bin ein buoch alsô getiht . . .* absieht, wüßte ich nur *der helle kint* 311 sowie jene an Walther leise anklingende Stelle V. 247 ff. anzuführen *kumt kunst an dîn* („des Papstes") *tor*: *edel zuht stêt dervor, sô der pfenninc wirt gesehen.* —

Nicht selten bewegen sich in Bildern auch die Sprichwörter, die in die Darstellung unseres Gedichtes, wie es seiner lehrhaften Natur nach kaum anders zu erwarten ist, eingeflochten werden. Neben ihnen mögen hier sodann jene Aussprüche Platz finden, die allgemeineren Charakter tragen.

V. 5 f. *manec man gît guoten rât*
der im selben keinen hât :

vgl. Karajans Anmerkung hierzu. —

V. 265 f. *swaz du niht wil daz dir geschiht,*
des entuo dem andern niht :

für dies in aller Munde befindliche Sprichwort brauch ich wohl kaum auf Freidank 121, 8 ff. hinzuweisen. —

V. 315 f. *ir enruochet wer diu schâf beschirt*
daz ot iu diu wolle wirt ,

die fast wörtlich anklingen an Freidank 153, 11 f.:

sin ruochent wer diu schâf beschirt,
daz eht in diu wolle wirt. —

V. 967 f. *armer mensch, daz hiute ist dîn,*
daz wirt vil lîhte morgen mîn. —

V. 1027 ff. *swem man enphilhet mêre*
guot oder êre,
man muot an in ze aller zît
mêr danne dem man lützel gît

sind übersetzt aus dem lateinischen Gedicht V. 679 f.:

cui magis committatur,
plus ab eo exigatur. —

V. 1599 f. *kûm sich vor dem wolve ernert*
der sich der wülpen niht enwert. —

V. 1639 f. *swenne eigen schuld den lêrær*
strâfet, daz ist lasterbær. —

V. 1642 ff. . . . *ungewærer stæte lît*
strô bî dem viure
dâ wazzer wære tiure :

vgl. Freidank 121, 2 f.:

swâ daz viur ist bî dem strô,
daz brinnet lîhte, kumt ez sô. —

Pleonasmus ist nicht gerade häufig. Wenig glücklich scheint es mir zu sein, wenn der Verfasser den von den Königen handelnden Abschnitt V. 1025 mit den Worten *Sagt den küngen durch den munt* einleitet. Vielleicht trägt der Reim Schuld. Anders verhält es sich V. 407 f. *daz kleite got vor manger stunt durch des êwanglisten munt,* wo das Buch der Rügen allerdings im Banne seiner lateinischen Vorlage steht (vgl. daselbst V. 217 „psalmistae elicitur ab ore"). An andrer Stelle wird ein unmittelbar vorangehendes akzentuiertes *allez* durch den formelhaften Ausdruck *von dem houbt unz an den vuoz* 332 sinnlich veranschaulicht.

Hyperbeln häufen sich an jener Stelle, wo Jesse' Geschlecht mit einem Baum verglichen wird. Der Dichter glaubt zum Preise der Jungfrau Maria ausrufen zu können, *daz ûf allem ertrîch sô schœniu bluome nie enwart* 122 f.; und diese *bluome brâht sô edel vruht daz von ir süezer genuht nieman volle sagen mac unz an den jungisten tac; die este* des Baumes — so deutet der Dichter — seien *sîn geslähte, daz gezeln mähte noch geschrîben kein man der daz leben ie gewan.* — Den Vorzug vor dem Schwert des Kaisers verdiene das dem Papst von Gott verliehene, denn V. 1019 ff. *ez ist gehert mit gotes kraft, daz aller smide meisterschaft ein sämelîchz enmahte, ob si dar nâch trahte unz an den jungisten tac.* Neben dem Preise göttlicher Dinge muß die Hyperbel aber auch der Kennzeichnung und Veranschaulichung der Größe menschlicher Sündhaftigkeit dienen. Die habgierigen Kardinäle wünschten ihre Häuser zu füllen, *daz ez viel zem virste ûz* V. 284 und gleich darauf V. 290 ff. ihre *hôchvart* sei so groß, *daz nie noch gesehen wart noch gehôrt von alter zît diu hôchvart diu an iu lît.* — Empört ruft der Dichter V. 1119 f. dem räuberischen freien Adel zu *wer möht nû haben in der zal iuwer veicheit über al?* —

Anhang.

Mehr oder weniger große Verwandtschaft des deutschen Gedichts mit seiner lateinischen Vorlage (vgl. das am Ende der Einleitung Gesagte) liegt vor:

D.		L.
49 f.		3 f.
55		13
57—60		15—18
87		24 f.
95		14
100		41
153—155, 157		7—10
161—170		76—88
171—179		89—92
181—192		93—104
193		112
273—284		133, 141—144
290—295		135 f.
300—308		139, 155 f., 159 f.
323 f.		177—180
329		169—176
347—350		197—202
351—354, 362		185—192, 778 (?)
369—371		193, 195
399, 407—410, 412	:	213—218, 239
(413—428	:	227—236 ! ?)

443—461		253—262
465—472		265—270
480—482		294 f.
484—487		297 f.
511		305 f.
515—520		307—312
527 f.		319 f.
531—535		333—336
541—556		321—326, 337 f.
557—566		349—352
568—575		353—364
591—596		377—380
602—607		381 f., 386
623		397 f.
627—639		401—413, 416?
645—651		417—420
655 f.		427 f.
667—682		441—452
685—688		453—456
704	:	478—480
709 f.	:	465 f.
717—722, 728	:	469 f., 481—484, 489—494
729—732	:	495 f.
739—744	:	473—476
746—751	:	472, 485—488
769—773	:	498—501
775—782	:	505—512
785 f.	:	517—520
791—795	:	525 f., 533—536
807 f.	:	539 f.
824—826	:	461—464

840—845		549—556, 603
851—856		559—564
937 f.	:	610 f.
945 f.	:	627
953	:	616—618
955 f.	:	620 f., 637 f.
957—964	:	628, 630, 632
969	:	645 f.
973 f.	:	634, 639 f.
977—979	:	644
981—994	:	647—660
1027—1034		679—682
1039—1045		667—671
1071—1096		691—716
1105—1110		721—724
1121 f.		733—736
1153—1172		749—761
1181—1194, 99—1202	:	774—784
1227—1242		800—810
1246—1249		814—816
1266—1286		821—844
1305		849 f.
1309—1334		851—857, 861—876
1337—1339		881 f.
1341 f.		888—892
1350—1353, 1361 f.		921—924
1371—1378		905—916
1379—1390		897—902
1392 f.		917 f.

1411—1419		929—936, 939 f.
1426—1433		935, 937 f.
1439—1447		942—950
1457		953
1459, 1461		954
1469—1482		957—970
1527—1530		986, 455 f.
1545—1547	:	999—1004
1553—1558	:	1013—1020
1564—1569	:	994 f.
1602—1614	:	1045—1050, 1053—1057
1631—1635	:	1069—1072
1641—1656	:	1073—1080.

FSC
www.fsc.org
MIX
Papier | Fördert gute Waldnutzung
FSC® C083411

Kolibri 360 GmbH
Ferdinand-Jühlke-Straße 7
99095 Erfurt, Deutschland
produktsicherheit@kolibri360.de